大棚温室瓜果蔬菜栽培关键技术

孙振欧　马　璇　王田利　著

化学工业出版社
·北京·

内容简介

本书以反季节瓜果蔬菜生产为主线，突出棚室栽培重点蔬菜和淡季生产两个重点，从实用性出发，应用通俗的语言，讲述了不同蔬菜春大棚促成栽培、秋大棚延后栽培、温室秋冬茬和冬春茬栽培四种设施条件下栽培的要点，介绍了辣椒、西红柿、茄子、马铃薯、黄瓜、甜瓜、哈密瓜、西瓜、西葫芦、苦瓜、甘蓝、荷兰豆、萝卜、韭菜、豇豆、蒜苗、芹菜、冰菜、苦苣、豆芽、球茎茴香、菠菜、食叶紫苏、蒲公英等瓜果蔬菜大棚温室栽培技术，总结了大棚温室等设施栽培的新成果和新兴蔬菜在设施栽培中的应用，以助推我国设施瓜菜高效发展。本书适于广大菜农及基层农技人员、农业院校师生阅读参考。

图书在版编目（CIP）数据

大棚温室瓜果蔬菜栽培关键技术 / 孙振欧，马璇，王田利著. -- 北京 : 化学工业出版社，2025. 12.

ISBN 978-7-122-49312-5

Ⅰ. S627.5；S626.5

中国国家版本馆 CIP 数据核字第 20256FE364 号

责任编辑：张林爽　　　　装帧设计：张　辉

责任校对：王鹏飞

出版发行：化学工业出版社

（北京市东城区青年湖南街 13 号　邮政编码 100011）

印　　装：大厂回族自治县聚鑫印刷有限责任公司

710mm×1000mm　1/16　印张 12　字数 206 千字

2026 年 2 月北京第 1 版第 1 次印刷

购书咨询：010-64518888　　售后服务：010-64518899

网　　址：http://www.cip.com.cn

凡购买本书，如有缺损质量问题，本社销售中心负责调换。

定　　价：68.00 元

前言

PREFACE

以大棚温室栽培为主的设施瓜菜种植是我国高效农业的重要组成部分，近年来有了长足的发展，但由于我国设施栽培发展较粗放，先进技术普及率低，生产中问题突出，生产效益普遍不高，有的设施由于经营不善而被废弃闲置，造成了极大的浪费。

本书以反季节瓜果蔬菜生产为主线，以瓜类、茄果类等重点蔬菜和淡季生产（秋延后、冬春茬）为重点，讲述了不同蔬菜春大棚促成栽培、秋大棚延后栽培、温室秋冬茬和冬春茬四种设施栽培条件下的栽培要点，总结了大棚温室设施栽培的新成果和新兴蔬菜在设施栽培中的应用，希望对我国设施蔬菜的发展有所帮助。

本书从实用性出发，应用通俗的语言，介绍了辣椒、西红柿、茄子、马铃薯、黄瓜、甜瓜、哈密瓜、西瓜、西葫芦、苦瓜、甘蓝、荷兰豆、萝卜、韭菜、豇豆、蒜苗、芹菜、冰菜、苦苣、豆芽、球茎茴香、菠菜、食叶紫苏、蒲公英等瓜果蔬菜设施栽培技术，图文并茂，可读性强，可供广大菜农及基层农技人员、农业院校师生参考。

由于我国设施栽培发展迅速，各地立地条件不一，在生产中各地积累了丰富的种植经验，然而笔者阅历有限，论述和介绍中的不足之处，敬请广大读者批评指正。

著者

目录

CONTENTS

第一章

我国设施蔬菜发展概况

设施蔬菜栽培是我国高效农业的重要组成部分。设施栽培使人们干预生产的能力提高，栽培环境条件变得人为可控，使蔬菜的产能大幅提高。

一、我国设施蔬菜发展的特点

我国设施蔬菜规模化发展开始于 20 世纪 80 年代，经过多年的发展，设施蔬菜栽培已成为我国蔬菜生产的重要方式，概括而言，我国设施蔬菜发展有如下特点。

1. 设施栽培成为蔬菜生产的主流

由于塑料具有很好的密闭性和透光性，利用其覆盖栽培作物，既可保湿，又可增温，可很好地改善作物生长的环境条件。塑料棚室设施投资成本低，适合我国农民的投资水平，改革开放以来，以利用地膜、塑料大棚温室生产的设施栽培成为了蔬菜生产的主流。

2. 基地化生产特征明显

蔬菜生产的目标是实现商品化。我国以户为经营单位的分散经营与大都市消费矛盾突出，没有规模化的生产，产品的标准化、商品化是没有保障的，为此，各地在进行设施蔬菜栽培时多由政府组织进行，以农业产业园区建设为平台，进行基地化生产，以基地化促进规模化，以规模化应对大都市消费。像陕西的大荔、山东的寿光、甘肃武威的凉州区、辽宁的鞍山等地设施蔬菜均呈现规模化发展态势。规模化发展易形成市场，易实现生产的自动化，从而降低生产成本。

3. 多样化发展，周年生产特征明显

自从塑料应用于蔬菜生产后，我国科技工作者和广大农民群众不断总结应用经验，创新应用途径，完善应用技术，从简单的地膜覆盖，到技术要求较高的大棚生产，再到技术含量、管理水平要求严格的温室生产，我国设施蔬菜栽培呈现出多样化发展态势，通过不同措施的有机组合，可实现蔬菜的周年供应。

设施栽培的多样性不仅表现在覆盖方式上，也表现在种植蔬菜的种类上，所种植的蔬菜已由刚开始的瓜菜类、果菜类、韭菜等精细菜品向苦苣、球茎茴香等各类蔬菜发展，随着种植时间的延长，以及人们对设施生产规律的掌握，几乎所有的蔬菜都可进行设施栽培。

另外，设施栽培方式也呈现多样化发展态势，既有大棚、温室冬春季进行的促成栽培，也有秋冬季进行的延迟栽培，还有应用遮阳网覆盖进行的韭黄、蒜黄生产等黄化栽培。

4. 专业化生产成为设施蔬菜发展的时代特征

由于设施蔬菜在发展中各地均注意规模开发，一大批从事蔬菜生产的农民通过参加政府组织的专业技能培训和具体的生产实践，很快成为蔬菜生产的行家里手。

就蔬菜产业而言，生产的分工越来越细，也呈现专业化发展态势，像蔬菜生产中的育苗环节，已由传统的一家一户分散育苗转向工厂化集约育苗，用电脑控制，利用现代托盘进行智能育苗，培育的蔬菜苗质量好，成本低，已基本取代了传统育苗方式。

随着设施栽培的发展和人们认识水平的提高，一大批适用于棚室环境条件的专用品种，像韭菜中的多抗 2 号，黄瓜中的津春、津优系列，西瓜中的京欣系列，西葫芦中的早青一代，西红柿中的金棚一号等，这些品种的培育成功和在生产中的应用，极大地提升了设施蔬菜的产能，促进了生产效益的提高。

5. 产业化经营，生产效益明显提升

棚室蔬菜的发展过程中，从生产资料种子、种苗的供应，生产标准的制定，生产技能的培训，生产中种植种类、品种的确定，到生产标准的落实，管理措施的完善，以及产后的运输、贮存、销售等环节均发生了翻天覆地的变化。设施蔬菜的发展，很好地促进了我国蔬菜产业向规模化、信息化生产方式的过渡，生产的组织化程度大幅度提高，以农业园区为载体，将广大菜农组织在一起，抱团发展，形成了规模优势，自然地形成了蔬菜的集散地，在新品种、新技术推广和市

场销售等信息方面得到了优化，使得生产的盲目性得到很好的控制，抵御市场风险的能力明显提高。设施蔬菜的经营效益是露地蔬菜的6～10倍，种植设施蔬菜已成为农民增收的重要途径。

6. 精细化管理，蔬菜的商品率提高

设施蔬菜的生产效益高，极大地激发了菜农的务作积极性。设施蔬菜生产的环境可人为控制，生产中为了提高蔬菜的质量，一方面要加强蔬菜的栽培管理，另一方面要加强环境的调控，促使形成有利于蔬菜生产的环境条件，因而设施蔬菜生产的精细化程度大幅提高，品质管理得到加强，特别是蔬菜的食用安全性受到高度重视，蔬菜生产、贮藏、运输的环节在不断完善，腐烂损耗率大幅下降，蔬菜的商品率得到有效提高。

7. 设施蔬菜生产的机械化程度提高

设施蔬菜生产是劳动密集型产业，近年来，随着劳动力成本的上升，设施蔬菜的生产成本上升，设施蔬菜生产中机械替代人成为发展的总趋势。总体上，我国设施蔬菜生产中，设施蔬菜的机械化与设施蔬菜的规模呈现同步增长态势，设施蔬菜已从产前的土壤深耕、开沟、覆膜、土壤连作障碍的电子处理，产中的除草、绑蔓、打药、育苗、声波助长、空间电场促蕾防病、温室病害臭氧防病、自动卷帘、自动卷膜，到产后产品的收获、采收时的果蔬轨道运输、采后藤蔓处理形成了完整的机械作业体系，生产的机械化，极大地提高了劳动效率，降低了生产成本。

8. 无公害作业，蔬菜食用安全性明显好转

蔬菜是人们生活的必需品，其食用安全性与消费者健康息息相关。近年来随着高毒高残留农药的禁用，生物源、矿物源农药开发力度的加大，高温闷棚、黄板诱杀、烟剂熏蒸、臭氧防病、土壤连作障碍的电子处理、设施蔬菜生产中的藤蔓处理、生物反应堆技术等先进实用技术的推广，设施生产中农药使用量得到有效控制，蔬菜产品中的农药及重金属残留量明显下降。

二、我国设施蔬菜发展中存在的问题

虽然我国设施蔬菜发展取得了可喜的成绩，但由于地区发展的不平衡，群众认识有差别，设施蔬菜发展中仍存在不少问题，制约着产业的发展，根据调查，我国设施蔬菜生产中存在的主要问题有：

1. 推广模式单一，群众种植积极性不高

多年来，我国农业技术推广形成了“政府推动，市场拉动，效益驱动，能人带动”的有效推广模式。但有的设施蔬菜新区由于是由种粮转变而来，在产业没有发展起来前，群众对设施蔬菜生产的高效益没有切身体会，加之种植技术欠缺，在配合上有很大的问题。

2. 产业化程度低

我国设施蔬菜主要以农业园区建设为平台进行开发和发展，在发展过程中仅将种植户进行了适当集中，组织较松散，没有形成强有力的凝聚力，技术普及推广、信息共享、抵御市场风险能力方面都比较薄弱，直接影响产业的发展。

3. 重发展、轻经营，产业发展比较粗糙，生产效益不高

由于新发展区群众种植积极性不高，政府推而不动，在个别地方就出现了重发展、轻经营的现象，这样产业的发展就显得粗糙，像有的地区在设施内种植马铃薯、菠菜等产值较低的作物，生产效益很难提高。

4. 连作障碍问题突出

土壤是蔬菜生长的载体，由于设施蔬菜种植地长期固定，蔬菜产量较高，多年种植蔬菜导致土壤养分被大量消耗，而目前农村有机肥肥源短缺，有机肥的施用量严重不足，导致土壤中的有机质含量逐年下降，土地的生产能力大大降低，对作物产量的形成造成极大的影响。

5. 病虫害发生严重，防控难度大

由于设施蔬菜生产中，种植地相对固定，生产周期长，病虫积累量多，加之环境密闭，高温高湿的环境条件有利于病害的扩散蔓延，因而设施蔬菜生产中病虫害发生严重，防治的难度较大。特别是沤根、闪苗、冻害、气害、药害、烧苗、疫病易造成成片危害，严重影响生产，另外猝倒病、立枯病、根腐病、茎基腐病、线虫病等也极易成灾，对生产影响较大。

三、设施蔬菜高效发展措施

根据我国目前设施蔬菜的发展现状，应重点抓好以下措施的落实，以促进产业高效运行。

1. 加大宣传力度，提高群众发展设施蔬菜的积极性

特别在新发展区，宣传工作显得尤为重要，像甘肃武威的凉州区在发展设施

蔬菜时提出的口号是“若要发，早把菜棚搭”。在产业的发展过程中，及时发现、总结先进典型，可起到很好的示范带动作用。

2. 大力推进专业化生产、产业化经营，提高生产的组织化程度

设施蔬菜发展中应借鉴山东寿光、辽宁鞍山等地的经验，大力发展蔬菜生产专业合作社或“公司＋农户”模式，通过合作社或“公司＋农户”模式将分散的经营户联结起来，以实现与大市场、大流通的有效对接。

3. 加大市场体系建设，保证流通畅通

设施蔬菜市场波动较大，销售不畅会导致产业起伏，因而市场建设是产业发展的重要保障，像我国山东寿光设施蔬菜发展中采用了基地建设和市场建设同步发展的道路，建成了我国北方最大的蔬菜集散地，实现了以销促产，保证了产业的良性循环。

4. 加大技术支撑，着力解决生产中的难题，保证产业高效运行

新发展区应着力抓好设施蔬菜栽培技术的普及，使种植户尽快掌握现代设施蔬菜栽培的管理技能，提高管理水平，促进产业效益的提升。老产区要采取综合措施克服连作和病虫害对产业的影响，以促进产业效益的最大化。

第二章

蔬菜栽培设施建造

栽培蔬菜的设施主要包括塑料大棚和节能温室，可根据投资能力及生产实际，选择合适的设施类型。

第一节　塑料大棚标准化建造技术

一、塑料大棚的特点

塑料大棚主要用于早春和晚秋的蔬菜生产，一般塑料大棚栽培蔬菜可较露地提早上市20天，增产15%以上。塑料大棚造价低，建造灵活，所栽蔬菜生产周期短，经济效益高。钢架塑料大棚承载能力强，操作性能好，使用寿命长，抵灾抗灾能力强，已成为目前主要的大棚形式。

二、全钢架塑料大棚标准化建造技术

1. 选址及环境

宜选择地势平坦、交通便利、水源洁净充足、土壤肥沃、渠系配套、面积较大的连片地块。

2. 结构参数

方位以东西方向延长为宜，棚群应对称式排列，两棚间距不小于1.5米。长度可依地块而定，一般以40～60米为宜，跨度以8米为佳，脊高一般在3.8～

4.5 米，拱杆间距，即相邻两道拱杆之间的水平距离，一般为 0.8～1 米。

3. 建造材料

① 拱架及拉杆、斜撑杆选用直径 25 热镀锌钢管。

② 棚膜首选乙烯-醋酸乙烯共聚物（EVA）薄膜，也可选用聚乙烯（PE）或聚氯乙烯（PVC）膜，厚度 0.08 毫米以上，透光率 90%以上，使用寿命 1 年以上。

③ 固膜卡槽选用热镀锌固膜卡槽，宽度 28～30 毫米，钢材厚度 0.7 毫米，长度 4～6 米。

④ 卷膜系统，在大棚两侧底部安装手动卷膜系统。

⑤ 压膜线采用高强度压膜线（内部添加高弹尼龙丝、聚丙丝线或钢丝），抗拉性好，抗老化能力强，对棚膜的压力均匀。

4. 建造施工技术

（1）基础施工　在施工地点用水平仪测量地块高低，确定±0，平整场地，按跨度 8 米、长度依设计要求放线，开挖深 50 厘米、宽 30 厘米的沟，先将原土夯实，之后用 3∶7 灰土夯筑 30 厘米，夯筑前按钢架安装距离埋设固定件。

（2）拱架施工

① 拱架一般采用工厂加工；若现场加工，需在地面放样，根据放样的弧度加工，要求各拱架弧度及尺寸完全一致。

② 在材料堆放地点就近找出 10 米×20 米的水平场地一块，水平对称放置 2 个拱杆，中间插入拱杆连接件，用螺丝连接。

③ 将连接好的拱杆沿根部画 40 厘米标记线，两人同时均匀用力，自然取拱度，与基础件焊接后，用混凝土浇筑固定，40 厘米标记线与洞口平齐。

（3）连接横拉杆　全部拱杆安装到位后，用端头卡及弹簧卡连接顶部一道横拉杆。横拉杆连接完成后，进行拱架调整，达到顶部及腰部平直。

（4）斜撑杆安装　拱架调整好后，在大棚两端将两侧 3 个拱架分别用斜撑杆连接起来，防止拱架受力后向一侧倾倒。

（5）棚门安装　大棚一端安装滑道门作为出入通道，同时用于通风，规格为 1.8 米×0.8 米。

（6）覆盖棚膜

① 覆盖棚膜前的准备　上膜前要检查拱架和卡槽的平整度，薄膜幅宽不足时需用粘膜机或电熨斗粘合。

② 覆盖棚膜　选在无风的晴天中午进行，应分清棚膜正反面，将大块薄膜铺展在大棚上，拉展绷紧，依次固定于纵向卡槽内，在底通风口上沿卡槽固定；两端棚膜卡在两端面的卡槽内，下端埋于土中。

(7) 通风口安装　通风口设在拱架两侧底角处，宽度 0.8 米。用直径 15 钢管沿棚长卷膜通风。

(8) 固定压膜线　棚膜及通风口安装好后，用压膜线压紧棚膜，压膜线间距 2～3 米，固定在混凝土基础预埋挂钩上。

第二节　节能日光温室标准化建造技术

一、节能日光温室的特点

节能日光温室以太阳辐射为能源，通过良好的采光屋面设计提高采光量，增加蓄热量，加强保温措施，层面透光率可达 80%以上，温室内外温差最高达到 30℃，可满足蔬菜生长的需求。

二、建造技术要点

1. 结构参数

地域不同，地理和气候条件各异，节能日光温室的结构参数是不一样的。目前静宁县建造的土墙无立柱全钢架结构、有自动卷帘设施的第四代日光温室，跨度 7～10 米，脊高 3.5～4 米，后墙高度 2.37 米，温室方位角为南偏西 5°～8°，后屋面仰角为 40°。

2. 建造技术

(1) 场地选择　日光温室应选择地形开阔，光照充足，通风条件好，供排水方便，水质优良，土壤肥沃，交通便利，电源方便，周围无污染的地块建造。建造日光温室的地块要求地势平坦（坡度不大于 5°），地势不平的地块在建造日光温室前应用机械推平，然后建造。日光温室东、南、西三面无遮阴物，光照要充足。

(2) 场地布局规划

① 日光温室的方位及布局　日光温室方位采用坐北朝南偏西 5°～8°，温室前后两排间的距离应以冬至日前栋温室不遮蔽后栋温室的太阳光为标准，一般该距

离等于前栋温室脊高的 2～3 倍。通常前后两排温室之间相距 8～9 米，也可根据具体情况排列，但前后两排温室的间距不应小于 8 米。

② 道路布局 东西延长温室群以南北向路为主，在路东西两侧建两排温室，对称排列。

（3）日光温室建造标准

① 屋面角度 前屋面角度一般 22°～25°（指前屋面覆盖物与地平面的夹角），静宁以 24°为佳，后屋面角度 40°～45°。

② 温室跨度 指北墙内侧至前沿距离，不含墙体厚度，一般以 7～8 米为佳。

③ 温室高度 指温室屋脊到地面的高度。跨度在 7～8 米的温室，高度为 3.5～4 米。

④ 墙体及后屋面厚度 土墙厚度基部 1.2 米，上部 1 米；后屋面厚度 0.5～0.7 米。

⑤ 温室长度 以 60 米为佳，根据具体情况可适当进行调整，但应保持在 40～80 米范围内。

⑥ 棚内、外地面高度 一般温室为半地下式，瓜菜温室内地面低于室外地面 0.3～0.5 米。

（4）施工步骤

① 放线 平整地面后，确定温室方位角、温室跨度、温室长度、山墙位置、缓冲房面积及位置，然后定桩放线。建温室前应将室内 0.3 米耕层土壤推至南面，待温室建成后回填，取室内犁底层土建土墙，使温室建成后室内地面低于室外地面。

② 建墙体 墙体包括北墙和东、西山墙。土墙基部厚 1.2 米，上部厚 1 米，断面为梯形。后墙高度 2.2～2.9 米（依温室跨度而定）。山墙按温室设计要求，前屋面建成拱形和后屋面建成斜坡。建山墙时，距后墙东端或西端 0.9 米处预埋 3～5 根木棒，以便温室建成后做土门与缓冲房相连。

③ 立钢架

a. 挖坠石沟 墙体建成后，在两山墙外 1 米处，居中各挖一道长 6 米、宽 0.5 米、深 1 米的坠石沟，埋入坠石，坠石上接好铁丝。

b. 焊接钢架 无立柱单弦钢架结构温室，用直径 50 毫米的镀锌钢管；单弦拉筋结构用直径 40 毫米的镀锌钢管和直径 16 毫米的螺纹钢筋；双弦钢架结构上弦为直径 25 毫米的镀锌钢管，下弦为直径 15 毫米的镀锌钢管，上下弦间距为 20

厘米，拉花为直径 15 毫米的镀锌钢管，拉花间距为 20～25 毫米。

c. 立钢架　每隔 2 米立一钢架，前底角埋入地下 0.2～0.3 米，后坡底端立于距后墙内侧 0.3～0.4 米处，立完全部钢架后进行整体验收和校正，再用混凝土埋固。钢架间，在屋脊处东西向焊接一道平梁，平梁用直径 25 毫米的镀锌钢管焊接在钢架弦下面。

d. 铺设铁丝、竹竿　前屋面用 8# 铁丝 25～30 根，用细扎丝固定在钢架上，上密下稀，间距 0.3～0.6 米，两端拉紧固定在山墙外预埋的坠石上。钢架之间隔 50 厘米间距南北向铺设一道竹竿，用扎丝固定在东西向拉紧的铁丝上，每道竹竿用两根 4 米长竹竿于头部插合而成。

④ 建后屋面　后屋面东西向铺设 7 道 8# 铁丝，两端拉紧固定于山墙外的坠石上，南北向每隔 0.3 米铺设直径 40 毫米的钢管或直径 50 毫米的木棒，上端固定在平梁上，下端立于后墙上，并固定在东西向拉紧的铁丝上。然后铺上宽 4 米的普通棚膜，再填充上玉米秆、麦草并踏实，再将棚膜包严后覆湿土、柴泥抹平，表面最好进行防水处理。

⑤ 盖棚膜，上压膜线　扣膜时最好采用三幅，上幅宽 2.5 米，中间幅宽 7～9 米（依温室跨度而定），下幅宽 1.5 米，每幅膜的一边要粘合宽 20 厘米的加强固定带，中间加一根 8# 铁丝。为防止雨雪水顺膜流入温室内，覆膜时应上膜压下膜叠压搭接，上下叠压 20 厘米，生产中用于扒缝放风。

扣膜时膜两端各绑缚竹竿 2～3 根，绷紧棚膜，固定于山墙外的铁丝上，后屋面东西向拉设一道 8# 铁丝，穿过后坡屋面固定于钢梁上，温室前后每隔 3 米预埋一个地锚，用于固定压膜线，上膜后南北向用压膜线压紧棚膜。

⑥ 建缓冲房　在北墙一端根据生产需要修建宽 3 米、长 4 米的缓冲房，缓冲房门和温室入口应开在不同方位上，以防止寒风直入。

⑦ 挖防寒沟　温室建成后在距前屋角棚膜 0.3～0.4 米处，挖深 0.5 米、宽 0.4 米东西走向的防寒沟。沟内四周覆旧农膜，内填农作物秸秆等隔热材料，以提高温室保温性能。

⑧ 修建蓄水池　温室内修建容积 20～30 立方米的蓄水池，以保障生产用水。

⑨ 卷帘设备　若温室复合保温被单位面积重量在 1300 克/米^2 以内，温室长度小于 60 米，可选用侧卷斜齿轮减速机 0.75 千瓦以上，蜗轮蜗杆减速机功率 1.5 千瓦以上，若温室长度大于 60 米，选择中卷式卷帘机，功率 2.5 千瓦以上。

附：静宁县第四代无立柱全钢架日光温室结构示意图（图 2-1、图 2-2）。

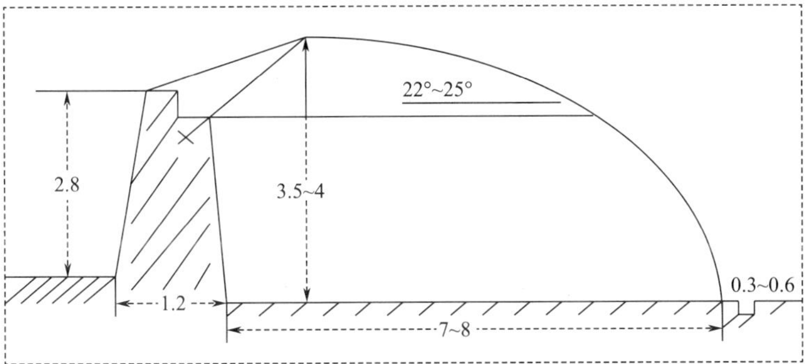

图 2-1　单弦拉筋全钢架无立柱日光温室（单位：米）

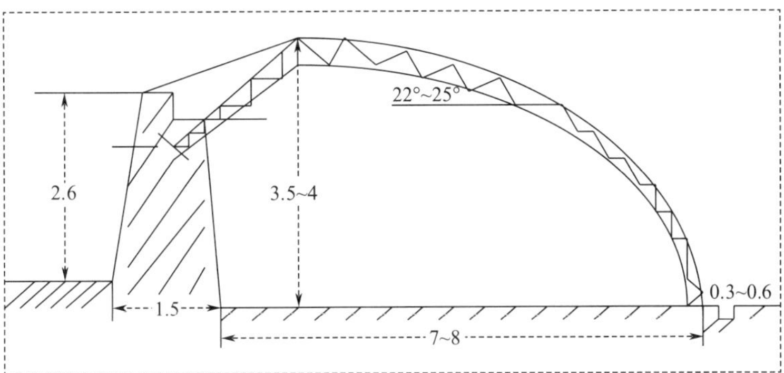

图 2-2　双弦全钢架无立柱日光温室（单位：米）

第三章

温室环境调控技术

一、温度调控技术

（1）适时放拉保温被保温　采用优质外保温覆盖材料进行晚间保温，合理的保温被卷放调控是下午日落前放下保温被时温室内温度上升1～2℃，早晨日出后拉起保温被时温度下降1℃然后回升，也可采用经纬度自控卷帘设备进行定时卷放来调节温室环境温度。

（2）白天降温　根据种植作物对温度的要求，在白天温度高于作物生长适温时，进行合理通风降温。

（3）补温　寒冷季节或寒冷地区进行温室栽培时，当温室内温度不能满足作物生长需要时，需采用补温设施（热风炉等）进行温室环境温度的调控，还可运用太阳能水幕蓄放热系统进行临时补热。

（4）悬挂反光幕提高棚室温度　在温室后墙上每隔2～3米悬挂1米反光幕，反光幕的悬挂减少了墙体对热能的吸收，可将棚内温度提高2～3℃，同时又增加了棚内光照，有利于促进作物生长，提高产量。

（5）夏季降温　夏季可采用上下通风及外遮阳材料进行温室降温，以创造适宜作物生长的环境条件。

二、湿度调控技术

（1）覆盖栽培　应用全膜覆盖，进行膜下暗灌，可有效控制灌水量及灌水范围，降低土壤水分含量，减少土壤湿润面积，降低相对湿度10％以上。

（2）排湿 当室内空气湿度过大时，在白天高温时进行通风排湿，控制湿度。

（3）增湿 当室内湿度过小时，采用喷雾和洒水的方式进行增湿。

（4）采用无滴膜覆盖 无滴膜可防止水汽在膜上结成水珠，提高透光率，加快排湿。

（5）使用粉剂和烟雾剂防治病虫害 棚室防治病虫害时尽可能使用粉剂、烟雾剂，避免喷雾而增加空气湿度。

三、光照调节技术

（1）建造标准温室 设计前屋面合理的采光角度，增加温室采光量。

（2）选择透光率好的覆盖材料 在棚膜选择上，应选择温室专用棚膜，如EVA膜、PEP利得膜等。

（3）保持棚膜表面清洁 及时清洁棚膜表面，保持棚面洁净。

（4）补光 选择合适的补光设备进行强制补光。

（5）适时卷放外保温材料 通过外覆盖保温材料合适的卷放时间调节光照。

四、气体调节技术

（1）通风 及时进行通风换气，防止有害气体积累，调节二氧化碳浓度，必要时增加二氧化碳气肥。

（2）应用电除雾新技术 应用电除雾防病促长技术装备可达到温室防病和无公害生产的目的。

第四章

大棚主要瓜果蔬菜栽培要点

第一节　大棚主要瓜果蔬菜促成栽培技术

一、春季大棚促成栽培的环境特点及管理原则、要点

1. 环境特点

春季气温回暖，温度逐渐升高，光照时间逐日延长，越来越有利于植株生长。

2. 管理原则

春季大棚生产的目的是提早供给，因而应以早熟为基本出发点，在品种上应选择抗寒性强、生长期短、成熟早的品种。由于绝大多数品种幼苗期植株生长缓慢，苗期较长，因而一般采用冬季温室电热线＋营养钵（穴盘）育苗的方法，以便集中培育壮苗；在春季变暖、晚霜未过时定植到大棚内，通过覆盖棚膜，人为地创造适宜蔬菜生长的环境条件，以满足蔬菜生长需要，促进蔬菜生长。

由于春促成栽培大棚蔬菜整个生长周期横跨冬、春、夏三个季节，各季节的气候是不一样的，因而大棚蔬菜生长的不同阶段管理是有区别的，其原则是：苗期及幼苗期以保温、延长光照时间为管理重点；春季要注意灾害性天气的预防及应对；春末夏初，棚内温度过高，光照强，应注意加大通风和浇水，防止植株徒长和早衰；在晚霜过后，要逐渐撤除棚膜，进行露地生产。

3. 大棚促成瓜菜管理要点

春季气温回升较快，光照比较充足，大棚瓜菜管理的要点如下：

(1) 光照和温湿度管理　阳光是植物叶片光合作用的能量来源，光照条件的好坏直接影响植株的长势。春季棚室内温度高、湿度大，常会发生各种病害，适时通风降温降湿是控制病害的重要手段。正确的通风方法为：白天温度控制在28～30℃，夜间控制在14～16℃，当棚室内温度上升到30℃左右时开始通风，随外界气温逐步上升而逐渐加大通风量；下午3～4点外界气温下降前，及时关闭通风口；中午棚室内气温不高或白天刮大风时一般不要通风或少通风；当夜间最低气温达15℃以上时，可昼夜通风。不同瓜菜正常生长的最适温度不同，要根据所种植的瓜菜种类调控温度，防止高温导致畸形瓜果的出现及低温导致落花落果的出现。

遇上连阴雨雪天气时，生产管理应以增温保苗为主，少通风，多见光，在阴雨天必须按时揭开苫盖物，争取充分利用散射光。阴雨天一般不通风，每天阶段性揭盖苫盖物，可在上午10点以后揭苫透光，下午2～3点覆盖苫盖物，充分利用光照时间，提高棚内温度。若连阴雨天气时气温较高，可在下雨间隙适当通风降温，防止植株因夜间高温出现徒长。久雨猛晴后禁忌全揭大通风，因为幼苗生长处于低温环境时，叶片光合能力差，蒸腾作用慢，根系的吸水能力弱，猛揭大放后，棚内湿气会大量溢出棚外，作物生长的空间湿度迅速变小，幼苗叶面会大量蒸出水分以弥补空间水分的流失，引起幼苗叶片萎蔫死亡，俗称“闪苗”。中等高温强光天气时，棚顶“遮花阴”降温，让植株适应2～3天，室内地温回升，待根系恢复吸收能力后方可通风。通风时应先小后大，大小视作物长势而定。

在春夏季节，当外界气温稳定在15℃以上时，应及时撤掉冬暖温室的苫盖物，夜间不再覆盖。当棚内温度较高时要逐步放风，加强通风换气。方法是先放肩风、顶风，当放肩风和顶风都难以控制棚内温度的升高时，最后再放底风，使空气对流，并由小到大放风。当夜间温度高于18℃时，昼夜不闭风口，将昼夜温差保持在15℃左右。但忌一开始把通风口开至最大，也不可在一天内将通风口开至最大。温度控制指标是：茄果类蔬菜白天25～30℃，夜间15℃左右；瓜类蔬菜白天28～32℃，夜间15～18℃。

在晴天高温、强光，白天棚内温度超过35℃甚至40℃时，除自然通风外，可用遮阳网覆盖或放花帘等方式遮光降温，不仅可以控制温度，还可以防止果实日灼病和病毒病的发生，一般可遮光20%～50%，能降温5～10℃。但覆盖时间应以上午11点至下午2点为宜，忌全天覆盖，以免影响正常的光合作用。

在采用通风、遮光等方法仍不能将温度降下来时，可在蔬菜行间覆盖粉碎的作物秸秆，可有效地降低地温，保持土壤水分。一般夏天覆盖碎秸秆后可降低地温4～5℃，还可将夏季5～7天浇1次水延长为10～15天浇1次水。

（2）水分管理　春季是瓜菜病虫害多发季节，做好水分管理对控制病虫危害有重要作用。在水分管理上应掌握“适时适量，宁少勿多”的原则。一般要求土壤湿润微干，特别是处于幼苗期的瓜菜，湿度过大不但会引起病害的发生，而且也会引起秧苗徒长，导致植株抗病力变差。苗期瓜菜要求土壤不干不浇。

① 浇水方式　棚室内采取地膜覆盖栽培的，前期浇水采用膜下暗灌或者滴灌，以有效阻止地面水分蒸发，降低棚室内空气湿度，减少各种病害发生。后期气温提高后，可明水勤浇。

② 浇水时间　尽量选晴天上午气温回升时进行，此时水温与地温接近，浇水后根系受刺激小，易适应，同时地温恢复快，可利用高温促进土壤吸收，且有足够的时间排出棚室内湿气。而午后浇水会使地温变幅较大，影响根系的生理机能，傍晚更不适宜浇水。

③ 浇水量　浇水量要根据天气、植株生长状况和土壤墒情而定。早春温度相对较低，蒸发量小，灌水不必太勤，以防湿度过大导致病害的发生和蔓延。待进入4月份后，温度迅速升高，植株生长加快时，可适当加大灌水量和灌水次数。一般在浇水后短时间内封闭棚室，提高棚室内温度，待地温上升后，再及时通风排湿。

（3）施肥管理　春季大棚瓜菜生长发育快，植株需肥量增大，容易出现脱肥现象，导致植株早衰，不利于产量的形成，应在适当增加浇水次数和浇水量的同时，结合浇水每7天左右冲施1次化肥。追肥掌握“少量多次”的原则进行，避免一次性过多施用化肥造成浪费，或浓度过高造成烧根。注意增加磷钾肥的使用量，平衡施肥，以提高植株的抗性。每次每亩（1亩≈666.7平方米）用钾肥15～20千克或氮磷钾复合肥20～30千克；也可用尿素20～30千克与300千克腐熟鸡粪交替施用。特别是早春和植株进入盛果期时要注意叶面喷肥，补充养分，每个喷雾器（15升）加入食用红糖50～100克，米醋25克，尿素40克，磷酸二氢钾25克，加清水混匀，于早晨喷施，每隔5天喷一次，或用0.2%～0.3%尿素或磷酸二氢钾进行叶面追肥，可快速有效地补充养分，以满足植株生育所需。

（4）病虫害防治　春季是病虫害多发季节，做好病虫害防治工作，对于提高产量、增加生产效益具有十分积极的意义。春季病虫害防治时应坚持“预防为主，综合防治”的原则，可根据病虫害发生情况，有针对性地采用农业、物理、生物和化学相结合的方法，提高防治效果。

（5）灾害性天气防范　春夏季暴雨、连阴雨、大风、冰雹等灾害性天气频发，常常造成蔬菜及生产设施受损，要密切注意，科学应对，加强防范。

① 防雨　下雨时要及时关闭棚室的通风口，在温室大棚前侧注意及时排水，避免雨水倒灌棚内。雨涝后更要及时排出田间积水，检查墙体和后坡，发现漏洞及时补修，防止棚室坍塌。

② 防风　检查加固遮阳网、防虫网和棚体，薄膜有破损及时修补，防止大风揭膜和吹垮棚体。

③ 防日灼　夏季气温高，光照强度大，蔬菜植株易出现高温障碍或日灼现象，为避免高温、强光对蔬菜生产造成影响，可通过搭建遮阳网来遮光降温。如果棚室蔬菜因气温高，叶片出现上卷现象，可采用在棚内安装微喷头喷雾的方法来降低棚温，这样不仅能起到增加棚内空气湿度的作用，还能预防蔬菜花柱柱头干燥，促进授粉，防止落花落果。在蔬菜叶片上喷洒甲壳素、氨基酸、海藻酸等，对促进蔬菜健壮生长、提高植株对高温的抗逆性也有一定的帮助。

④ 防草害　夏季气温高，降雨多，若管理不当田间就会形成草荒。杂草不仅与蔬菜争肥、争水、争空间，也为害虫藏身和产卵提供了良好的场所。因此夏季除草关键要勤除、除早、除小、除尽，及时抓住高温晴天的有利天气人工拔除。由于除草剂对蔬菜生长影响较大，如选择不当或使用不慎，极易造成药害，有的菜地甚至 2 年以上不能种植蔬菜，因而在棚室栽培蔬菜时尽量不使用或少使用除草剂。

⑤ 防肥害　夏季蔬菜生长迅速，肥水管理对蔬菜产量、品质影响较大，目前生产中普遍存在追求产量、盲目加大化肥使用量的现象，极易出现烧苗、烧根、烧叶现象。另外在整地时常施用没有腐熟的有机肥，也会造成烧根、烧苗、气害、虫害。因而棚室施用有机肥一定要充分腐熟，蔬菜施肥应坚持“多施有机肥，少施化肥”的原则，化学肥料要注意适量施用，并采用正确的施肥方法，施肥后注意及时浇水。

⑥ 药害预防　高温多雨的天气，极易滋生恶性杂草和抗性病虫，生产中有的农户为追求防治效果，盲目加大农药用量，重复喷药，或喷药方式不合理，使用劣质农药，这些都会不同程度地使植株上生斑、黄化、畸形、枯萎或生长停滞，严重影响蔬菜生长。所以，防治病虫害时要注意对症用药，掌握正确的施药方法。一旦出现药害，可采取喷水、摘除受害枝叶、浇水降解残毒、追施速效氮

肥或叶面喷施氨基酸类叶面肥等措施，达到促苗复壮、减少药害的目的。

二、辣椒春大棚高效生产技术要点

春季利用大棚栽培辣椒（图 4-1），有利于辣椒早熟，提高效益。根据生产实践经验，春茬大棚辣椒生产中，综合采用以下措施，有利于生产效益的提高。

图 4-1　大棚辣椒栽培

1. 合理安排种植茬口

辣椒为喜温蔬菜，早熟栽培时前期温度低，若过早种植，则管理成本较大；若过晚种植，则影响生产效益的提升。在陇东一般以 12 月中下旬育苗，翌年 3 月中下旬定植较适宜。

2. 选择适宜的辣椒品种

辣椒春季大棚早熟栽培时应选择株型紧凑，坐果集中，抗病力强，耐低温、弱光性好，膨果速度快，连续坐果能力强的品种，以利于产量和经济效益的提高。

3. 采用育苗移栽的方法，以延长生长时间，提高产量

辣椒根系发达，根系受损后易恢复，而且在移栽的过程中，伤根后有利于缓和地上部的生长，促进植株养分积累，进而有利于成花结果。所以在温室辣椒生产中，应采用育苗移栽的方法，以提高产量。在辣椒育苗时应注意做到：

（1）营养土要肥沃　一般采用 7 份田园土、3 份灰粪充分混匀，堆积泥封发酵后铺入苗床，厚约 9～10 厘米。营养土要少用未腐熟畜禽粪，这种肥料易发生虫害及烧根。

（2）营养面积要充足　辣椒育苗可采用撒播或营养土块点播、营养钵播种，无论何种方法，单株营养面积应在10平方厘米以上。撒播育苗时，要及时间苗，有2片真叶时，进行第二次间苗，有3片真叶时定苗。

（3）生长时间要充足　温室辣椒育苗时，苗期一般应在75～80天，幼苗8～9叶时定植较适宜，可根据上市时间灵活确定播期。一般在3月中旬移栽较适宜。

（4）播种深度要适宜　辣椒种子顶土力较强，播种后覆土应在1厘米左右。

（5）育苗时管理应采用促的方法，以促进幼苗生长　辣椒幼苗生长缓慢，在播种盖好营养土后，覆塑料薄膜保温保湿，温度保持在25～28℃，在幼苗出土后，去掉塑料薄膜，出苗后温度白天控制在20～23℃，夜间15～17℃，防止幼苗徒长。

4. 定植前的准备要充分，为高产打好基础

（1）定植前辣椒苗应进行低温炼苗　一般在定植前10天进行低温炼苗，以提高辣椒苗的适应性。

（2）定植前苗床管理　在定植前7天浇一次水，过3～4天将幼苗换位，促进幼苗生长一致。

（3）定植大棚的准备　早春栽培辣椒的大棚要早扣棚、早定棚。在定植前15～20天扣棚，以防不良天气影响，也有利于烤地，增加地温。辣椒性喜温暖，而不耐霜冻。一般在3月中下旬的晴天定植。在移植前，对土壤进行深翻。结合深翻，每亩施入优质农家肥4000～5000千克、油渣300千克、复合肥100千克作底肥。然后起宽70厘米、高15～20厘米的垄，用地膜盖垄。关闭风口，按每立方米空间用硫黄10克的标准，将硫黄与锯末混合，点燃熏蒸，进行消毒，48小时后通风，杀灭病菌，减少病原物。

（4）选择壮苗定植　定植前要选择节间短而茎粗壮、具有分枝、叶片肥厚且呈深绿色、普遍出现花蕾、无病虫害的辣椒苗，以备栽植。

5. 合理密植

辣椒适宜丛植，每亩可定植3000～3300穴，每穴双株定植较适宜。

6. 加强栽后管理，促进产量提高

（1）环境条件的控制　定植一周内基本不放风，加速缓苗，缓苗后要适当通风。由于薄膜覆盖棚内的温度升降快，白天温度超过30℃时应及时放风。前期由于外界温度尚低，注意不能放过边风，放风要从上部开始，保持棚内白天温度

达到25～27℃为宜。夜间防寒最为重要。当5月中上旬外界夜间最低温度稳定在15℃以上时，即可揭掉棚膜，进行露地管理。

（2）设立支架　辣椒大棚栽培时，由于温度高、湿度大，营养生长旺盛，茎叶繁多，易发生倒伏，应在定植后，在植株旁用木棍或竹竿水平固定植株以防止倒伏（图4-2）。

图4-2　辣椒支架栽培

（3）土肥水管理　大棚辣椒生长过程中，要多次中耕，保持土壤疏松，优化根系生长环境，促进根系生长，提高植株的吸收能力，以利植株生长。辣椒喜肥耐肥，在植株生长期应及时补肥，以促进生长。应主要抓好始花肥、盛果肥的施用。在始花期，结合浇水，每亩施入尿素7.5千克，叶面喷0.3%磷酸二氢钾2～3次；在盛果期，施复合肥1～2次，每次每亩施15～20千克。辣椒不耐干旱，又怕水涝，生长过程中要求土壤湿度高而空气湿度低。为了提高室内温度，降低空气湿度，定植时，要浇暗水，以后据土壤墒情浇水。浇水时，最好在上午8时后进行，在中午高温时适当通风排湿。结果后，要增加浇水的次数和浇水量，增加通风次数，控制空气湿度。

（4）保花保果和植株调整　在开花期控制浇水，以免落花落果，用15～20毫克/千克的2,4-D喷花，进行4～5次，可有效地提高坐果率。另外，花期室内放养壁蜂，可完善授粉程度，提高坐果率。在大杈果采收后，要及时摘除老化叶片和细弱的分杈枝，加强通风透光程度。

7. 综合防治病虫害，减少生产损失

病虫害常造成辣椒大幅度减产，生产中应采用综合措施防治病虫，以保丰收。常用的措施有：

① 棚室消毒。大棚在使用前，用硫黄锯末或75%百菌清烟雾熏蒸，进行消毒处理。

② 种子处理。种子在播种前，应充分搓洗干净，用10%硫酸三钠浸泡30分钟，再水洗后播种，也可用10%高锰酸钾浸泡30分钟或用1%硫酸铜溶液浸种5分钟，杀灭种子上附着的病菌。

③ 实行轮作倒茬，减少病害的发生。

④ 精细整地，保持地面平整，防止病害发生。

⑤ 及时摘除老叶、细弱枝，提高通透性，降低发病率。

⑥ 对症用药防治。黑胫病发生时，用43%瑞毒铜1000倍液喷根或灌根；枯萎病发生时，用50%多菌灵800倍液喷洒灌根；病毒病发生时，要及时灭蚜，可用50%抗蚜威1500倍液或2.5%敌杀死4000倍液喷防；炭疽病发生时，用50%百菌清可湿性粉剂喷防。

尤其要关注烟青虫的危害。烟青虫在我国各地普遍发生，其宿主非常广泛，在蔬菜生产中主要蛀食茄果类蔬菜的果实，尤其偏嗜辣椒，是辣椒生产中的主要害虫。烟青虫主要蛀食蔬菜的花蕾、花和果实，也为害嫩茎、嫩叶和幼芽。花蕾和花被害后，苞叶张开，变成黄绿色，2～3天后脱落。幼果常被蛀食成空壳，果内充满虫粪，引起腐烂而脱落；长成的果实虽被蛀食部分果肉，但果内充满虫粪，因蛀孔在蒂部，便于雨水、病菌流入，引起腐烂，导致果实脱落。幼芽、嫩叶和嫩茎被蚕食或蛀食后，常使嫩茎生长停滞或折断。

烟青虫一年发生多代，以蛹在表土越冬，5月中下旬越冬代成虫开始羽化。第1代幼虫危害期为6月上旬至7月上旬，第2代幼虫危害期为7月上旬至8月上旬，第3代幼虫危害期为8月上旬至9月上旬，第4代幼虫于10月上中旬老熟，全部入土化蛹越冬。成虫羽化后需吸食花蜜补充营养，越冬代成虫发生期与茄果类、瓜类等作物花期相遇，蜜源充足，加之气候适宜，因而产卵量大增，使第1代幼虫成为危害最严重的世代。

成虫昼伏夜出，对杨树枝等有趋性。成虫白天常隐藏在植物叶片背面、花冠或杂草丛中，交尾和产卵多在夜间进行。成虫傍晚最为活跃，多集中在开花植物上吸食花蜜，交尾多在前半夜，产卵多在黄昏和阴雨天的早晨，卵多散产在辣椒的嫩梢叶正面，少数产于叶反面，也可产于花蕾、果柄、枝条、叶柄处，常3～4粒聚在一起。

幼虫共6龄，幼虫孵化后先取食卵壳，再啃食嫩叶尖及小蕾，2龄时吐丝下垂，蛀食花蕾或辣椒嫩叶，3 龄幼虫开始蛀食辣椒果实，从蒂部蛀入，5～6 龄进入暴食期。

幼虫蛀食时有转果危害习性，转移时间多在傍晚，一头幼虫一生可蛀食 3～5 个果实，甚至更多。幼虫有假死习性和自相残杀习性，尤以大龄幼虫更为显著。

老熟幼虫停止取食数小时后，多从菜株上滚落至地面，寻找较为疏松干燥的土壤钻入，吐丝连缀土粒作蛹室化蛹。入土深度一般为 3～9 厘米，越冬代 6～13 厘米。

防治时应注意入冬前耕翻土地，浇水淹地，消灭越冬蛹，减少越冬虫源；在成虫发生期，利用杨树枝把诱杀，减少第 1 代虫源；利用卵多散产于辣椒上部叶片或植株顶尖上的特性，结合整枝打杈，把打下的枝梢集中沤肥或烧毁，消灭部分虫卵；当幼虫开始蛀果时马上摘除虫果，带出菜园进行深埋，以防幼虫转果。密切观察，在幼虫尚未蛀入果内之时喷 3%茴蒿素乳油 500 倍液或 5%定虫隆乳油 2000 倍液、5%氟虫脲乳油或水剂 2000 倍液、5%伏虫隆乳油 4000 倍液、2.5%敌杀死乳油 2000～2500 倍液喷防。

三、西红柿春大棚栽培技术

春季利用塑料大棚生产西红柿（图 4-3），比露地早熟 30～40 天，5 月下旬至 7 月上中旬上市，能很好地满足市场需求。其栽培要点如下。

图 4-3　大棚西红柿栽培

1. 适栽品种选择

塑料棚栽西红柿应选择生长势旺、抗病虫能力强、商品性好的品种，应以早熟品种为主。甘肃西红柿生产中应用的主要有：北京10号、早丰、毛粉802、祺钰F1、中研冬悦、京冠七号、佳红1号、陇番10号、陇番11号、金棚1号、金棚8号、金棚11号等。

2. 育苗移栽

春大棚栽培西红柿，一般采用1月中下旬温室育苗，3月中下旬移栽到棚内。育苗时应抓好以下关键措施的落实，以便培育壮苗。

（1）种子处理　播种前要细致选种，选择饱满的种子，将选好的种子在阳光下曝晒2～3天，以提高发芽势。为了减少生长期病害的发生，对准备播种的种子应进行温汤浸种或药剂消毒。

温汤浸种时，先将种子放在冷水中浸泡5～6小时，使附着在种子表面和潜伏在种子内部的病菌萌动，之后放入40～45℃的温水中预热10分钟，再加温至55℃，浸泡5分钟，并不断搅动，然后加冷水降温，捞出种子摊晾待用。

药剂消毒可用10%磷酸三钠或2%氢氧化钠浸种20分钟以上，或用1%高锰酸钾溶液浸种15分钟以上，取出种子用湿布包好放在盆内密闭2～3小时，然后将种子用清水冲洗干净后催芽。

催芽采用恒温箱或锯末盆，温度保持25～30℃，湿度保持90%左右，每天翻动种子1次，2～3天后有70%种子萌芽时即可播种。

（2）育苗　一般用营养钵或穴盘育苗，营养钵规格10厘米×10厘米，育苗穴盘规格32孔或50孔，床土用洁净田园土与高温堆沤发酵的有机肥按6∶4混合，1立方米床土加三元复合肥1千克、草木灰10千克，过筛后充分混匀。穴盘育苗基质含蛭石30%，含草炭70%，1立方米基质中加三元复合肥1千克、干鸡粪5千克充分混匀，也可选用商品育苗基质。

将配制好的床土按1立方米床土福尔马林30～50毫升，加水3升喷洒，喷后用塑料膜密闭苗床5天，揭膜15天后再播种。也可用50%多菌灵与50%福美双可湿性粉剂按1∶1混合，或25%甲霜灵与70%代森锰锌可湿性粉按1∶1混合，按1平方米苗床用药8～10克与4～5千克过筛细土混合，播种时2/3铺在苗床上种子下，1/3覆盖在种子上。

（3）苗床管理

① 温度　为了培育壮苗，从播种到出苗前，要保持高温高湿，促使早出苗，

温度应控制在25～30℃。出苗后降低温度，白天控制在20℃左右，夜间控制在13℃左右，防止幼苗徒长。出苗后10天左右再提高床温到20～25℃，夜间16℃左右。西红柿苗生长快，较耐低温，在管理上应以控为主。

西红柿需要600℃积温进行花芽分化，约2～2.5片真叶时，第一花序花芽分化，隔5～6天第二花序花芽分化，再隔5～6天第三花序花芽分化。如育苗时日平均温度20℃，30天便可开始花芽分化。但是，高温分化的花芽质量差，花小，因此，育苗期要加强温度控制。

在整个育苗期，温度管理要以防寒保温为重点，育苗前期早上迟揭保温被，下午早盖保温被。气温升高后，逐渐转为早上早揭保温被，下午迟盖保温被，最后不盖保温被，加强低温炼苗。雪天忽晴时中午不能揭被，避免幼苗见光干枯，要逐渐见光，以花阴凉为好。为使南北部苗整齐一致，可在南边窗上挂一层塑料膜保温，门口挂一挡风帘保温。

② 防徒长　西红柿有4～5片真叶时有徒长现象，徒长会导致营养失衡，不利坐果，可喷激素或生长调节剂进行调节。此期可喷200～250毫克/升矮壮素溶液，即1毫升50%矮壮素原液加水2～2.5千克，喷后10～15天见效，表现幼苗生长缓慢，叶片浓绿，茎部矮壮。

③ 水肥管理　采用营养钵育苗的，根据苗情、墒情及时浇水，保持土壤相对含水量在60%～85%，利用穴盘基质育苗的，根据苗情、基质含水量和天气情况浇水，一般2～3天浇一次水，每次以浇透为宜。

秧苗出现茎细、叶小、色淡等缺肥现象时，可用0.1%磷酸二氢钾、0.2%～0.3%过磷酸钙、0.3%尿素溶液进行叶面追肥。

④ 炼苗　为了加强幼苗对早春低温等不良环境的适应能力，一般在定植前一周开始对幼苗进行锻炼，通过逐步降低床温、加大通风的方法，提高幼苗对低温的适应能力。炼苗期间白天温度保持在15～20℃，夜间保持在10℃左右。

3. 栽植

(1) 栽前整地施肥　西红柿丰产栽培时，要求土质疏松肥沃，因而在栽前对土壤应进行深耕，耕深应在30厘米左右，用旋耕机耕旋时，可旋两次，结合耕旋每亩施入优质农家肥5000千克以上，磷酸二铵25千克以上，然后按照大行距130厘米的标准规划，其中作业行宽70厘米，种植垄宽60厘米、高8～10厘米，垄起好后，压滴灌管，然后覆膜。

（2）定植

① 选苗　定植时注意选择壮苗，西红柿壮苗的标准为：苗龄 55～60 天，苗高 18～20 厘米，节间短，茎秆粗壮，有 6～8 片真叶，叶片大，柄粗壮，色浓绿，普遍现大蕾但未开花，根系发达，无病虫害。在移栽过程中注意剔除徒长苗和弱小苗、病虫苗。

② 注意适时定植　棚内西红柿的定植期，根据棚内小气候条件而决定，当土壤 10 厘米深的地温稳定在 10℃以上，最低气温在 0℃以上，并稳定 5～6 天时，选择晴朗天气的午前或午后温暖时间定植，如果定植过早，容易发生冻害，不能达到早上市的目的。陇东一般以 3 月中下旬定植为宜。

③ 合理密植　西红柿品种不同，其生长特性各异，栽植时应按植株生长特性确定种植密度。一般早熟品种栽植宜密，晚熟品种宜稀。通常早熟品种按株距 26～36 厘米、晚熟品种按株距 50 厘米的标准，在垄上挖穴，然后将西红柿苗放入，用土埋实，浇水，等水渗下后，用行间干土将栽植穴封严，保证亩栽植株数在 3300～4500 株（图 4-4）。

图 4-4　大棚西红柿合理密植

4. 栽植后管理

（1）温湿度管理　西红柿喜欢土壤潮湿而空气干燥、光照充足、气温稍高的环境，从定植到第一台果膨大阶段，主要促进缓苗，幼苗定植后 3～4 天不通风，以提高地温和气温，温度白天保持在 23～25℃，夜间控制在 13～17℃，如果夜间温度过高，容易加大同化产物的消耗量，出现营养不良，茎叶生长细弱，徒长，坐果不良。西红柿白天同化量最大时在上午，因此上午光照充足、温度适当提高可促进同化，午后及夜间温度稍低可抑制呼吸消耗。

午前通风换气补充温室内二氧化碳的消耗，室温应控制在25℃左右，午后室温达20～23℃时停止通风，前半夜温度维持在14～17℃，后半夜温度保持在12～13℃。大棚通风注意事项：一般采用顶部扒缝通风，随着外界气温逐步上升而逐渐加大通风量，这样可防止通风过急，棚内温度忽高忽低，导致“闪苗”。中午棚内温度不高或白天刮大风时，一般只开小口，但要注意防止风大时将棚膜刮破。下午根据棚内温度及时关闭风口，以确保棚内温度始终维持在适宜蔬菜生长的范围内。后期温度过高时，可上下通风，但通底风不宜过大，否则棚内温度虽然可降下来，但可能会造成棚内湿度不够，易导致干花和叶片干枯。当夜间温度达15℃以上时，可昼夜通风。

结果期土壤相对湿度控制在80%～85%，温度要求白天在25～28℃；果实成熟期，为了促进果实成熟，防止后期生长衰老，温度应控制在24～26℃，夜间温度在20～21℃。为了赶茬卷秧，除高温外，要保持土壤干燥，以进行催熟。

（2）肥水管理　在施足底肥的基础上，前期可不追肥，在头层果坐住后，可结合浇水冲施有机肥液，盛果期后每采收两次追肥一次，追肥以水溶性肥为主，最好采用冲施法，以达到水肥同补的效果，提高肥效。水分管理上，一般定植后及时浇缓苗水，以后不干旱不浇水，防止浇水过多引起植株徒长。在进入大量结果期后，每7～10天浇一次水。

（3）促坐果　西红柿大棚栽培时，多授粉不充分，影响坐果，生产中可用2,4-D或番茄灵蘸花，以提高坐果率。一般用16～18毫克/千克的2,4-D蘸花较适宜，用番茄灵蘸花时，适宜的浓度为25～50毫克/千克。一般应选择即将开放的花进行蘸花处理，一天当中以在上午9～10时和下午3时后进行为宜，每台花序都要进行蘸花，通过蘸花，保证每台花序坐果3～4个，以利产量提高。

（4）植株调整　大棚栽培西红柿时，植株生长在高温、高湿、弱光的环境条件下，易徒长，须整枝打杈，进行营养调节，促进产量提高。通常采用单蔓整枝，当第一层果坐住后，剪除所有侧蔓，以后随时清除侧蔓；当西红柿植株高度达到50厘米左右时，开始吊蔓，单株吊蔓（图4-5），在植株坐住4层果后摘心，西红柿摘心后顶端生长点停止生长，可使养分集中运送到果实，使果实生长迅速，提高品质，促进早熟。

为了保持田间良好的通透性，生产中应注意打叶。把老叶摘掉可减少养分的消耗，促进养分向果实转移，提高产量，同时打掉下部叶片，还可改善田间通风

图 4-5　大棚西红柿吊蔓

透光条件，减轻病害的发生。一般在第 1 穗果鸡蛋大小时，可在果实下方留 2 片叶，将下部其余的叶片打掉。

（5）疏果　为了提高精品果率，在果实坐住后，每穗选留 4 个大小一致、果形相近且无病虫害的果实，其余的连花带果疏掉。

（6）防病虫　大棚西红柿栽培中最常见的病虫害有苗期的猝倒病、立枯病、疫病和病毒病、灰霉病、蚜虫、白粉虱等，生产中应注意防治。

在苗期浇水过量或浇后遇连续阴雨天气，地温低于 12℃且持续时间长，幼苗持续萎蔫几天均容易发生沤根。沤根现象发生后，幼苗萎蔫，叶片逐渐发黄，干枯，容易拔起，根皮呈铁锈色并且腐烂，不产生新根。

预防措施：加强苗床和棚内地温的管理，保证温度在 12℃以上，及时通风，在土壤不太干的情况下尽可能地少浇水，避免湿度过大，发现沤根的幼苗及时覆盖细土，同时加强中耕，以散失多余土壤水分。

疫病可危害叶片、茎及果实，叶片病斑近椭圆形，边缘具黄绿色晕环，中央暗褐色，后叶片软腐脱落。茎部染病多在枝条分叉处或茎基部。果实多发疫病，初生暗绿色水浸状斑，后变褐软腐，干燥后呈褐色。高湿条件下病部生白霉。

疫病防治时注意：在播种前种子要细致消毒，可用 1%硫酸铜药液浸种 5 分钟；种植时实行垄作，田间发现中心病株要及时拔除并销毁，并对病土集中用药，同时控制浇水；在发病初期每亩可选用 98%硫酸铜 300 倍液或 43%瑞毒铜 500 倍液、72.2%普力克 600 倍液、64%杀毒矾 500 倍液、60%安克锰锌 600 倍液 50～60 千克灌根防治，7～10 天一次；发病后要及时摘除病叶、病果，可用 45%百菌清烟剂，每亩取 250 克分散几处，晚上点燃闭棚过夜，或用 72.2%普力克水剂 600～800 倍液、64%杀毒矾 400～600 倍液喷雾防治。

病毒病重在预防，要注意控制蚜虫，以切断病毒传播途径，减轻危害。发病后用 20%病毒 A 可湿性粉剂 500～800 倍液或 60%病毒王可湿性粉剂 800～1000 倍液等喷防。

灰霉病也是棚室西红柿生产中常见病害之一，主要危害叶片，分为白点型、干尖型和湿腐型三种。白点型在叶片正面和背面生成白色或灰褐色小斑点，由叶尖向下发展，一般叶片正面多于背面，病斑梭形或椭圆形，发展后期互相汇合成斑块致半叶或全叶焦枯。干尖型由割茬刀口处向下腐烂，初呈水浸状，后变淡色，有褐色轮纹，病斑扩散后呈现半圆形或 V 形，并可向下延伸 2～3 厘米，呈黄褐色，表面生灰褐色或灰绿色绒毛状霉，伴有霉味，叶上部产生霉点。

灰霉病主要靠病原的分生孢子借水流、农事操作传播蔓延。该病发生与湿度、种植密度、土壤质量、土壤肥力关系密切。一般田间相对湿度高于 85%的田块发病程度高于低湿田块；种植密度大的田块发病程度高于密度小的田块；黏质土壤田块发病程度大于砂质土壤田块；土壤瘠薄或板结田块发病程度大于肥沃田块。

防治时应注意选择种植抗病品种；在前茬作物收获后，及时清理病株叶，防止病菌蔓延；在生产过程中，根据墒情，小水勤浇，推广微灌、滴灌或渗灌，切忌大水漫灌；适时通风降湿，防止棚内湿度过大，将棚内湿度控制在 75%以下，温度不要超过 24℃，以抑制灰霉病的发生；在发病初期，用烟剂熏防，每次每亩用 10%腐霉利烟剂 200～250 克，或 45%百菌清烟剂 250 克、3%灰霉净烟剂 250 克，分放 4～5 点，于傍晚闭棚时点燃熏蒸，每日通风换气，隔 10 天一次，连续或与其他药物交替使用 2～3 次；也可在发病初期采用喷粉法防治，可每亩用 5%百菌清粉尘剂或 10%杀霉灵粉尘剂、6.5%万霉灵粉尘剂、6.5%多菌霉威粉尘剂 1000 克，7～10 天喷一次，连喷 2～3 次；也可采用喷雾防治法，在发病初期选择晴朗天气，用 75%百菌清可湿性粉剂 800 倍液或 50%腐霉利可湿性粉剂 1500 倍液、50%甲基硫菌灵（商品名甲基托布津）可湿性粉剂 1200 倍液、50%多菌灵可湿性粉剂 1000 倍液、50%扑海因可湿性粉剂 1000～1500 倍液，每隔 7～10 天喷一次，连喷 2～3 次。

蚜虫是棚室瓜菜生产中的重要害虫之一，危害瓜菜的蚜虫种类很多，均以成蚜或若蚜群集在瓜菜的细嫩部分为害，刺吸各部位的营养汁液，被害叶片出现黄色斑点和皱缩现象，光合效率降低，导致生长发育缓慢，品质变劣，商品性降低；严重发生时，叶片变黄干枯，植株死亡。

蚜虫还是传播病毒病的媒介，携带病毒的蚜虫在吸食蔬菜汁液时，将病毒传给其他蔬菜，蔬菜植株显现出“明脉”“花叶”或“枯斑”，生长停滞、畸形，失去商品价值，造成巨大损失。

蚜虫排泄的大量蜜露，污染蔬菜叶面，诱发煤污病，也影响蔬菜品质。

蚜虫有以下生长习性：

① 发育周期短，繁殖速度快　在适宜的温度条件下，完成一个世代仅需要5～6天。每头成蚜在适宜温度条件下15天内即可产仔90余头，短时间内蚜虫数量剧增。

② 迁飞性和趋黄性　当蚜虫处于营养不良、温湿度不适、密度大的生存条件下时，易产生大量有翅成蚜，表现迁飞和扩散习性。迁飞中对黄色具有很强的趋性，对银灰色具有很强的驱避习性。

③ 聚集性和趋嫩性　蚜虫具有聚集危害的特点，绝大部分聚集于蔬菜顶部和分枝嫩梢的花梗上，形成“蚜棒”。

④ 传毒致病　蚜虫是病毒病的主要传播媒介，病毒病易感的生育期在苗期，尤其是子叶期至6片真叶期最易感染，主要通过吸毒后的有翅成蚜携带病毒迁飞传毒而引起。

生产中可采用综合措施，以提高防治效果：

① 农业防治　合理安排茬口，减少蚜虫在多宿主间相互迁飞和扩散；选育和推广应用抗蚜品种，以提高产量和品质；加强田间管理，及时清除蔬菜田边的杂草和残茬败叶，以减少蚜虫来源。

② 物理防治　利用有翅成蚜对黄色、橙黄色有较强趋性的特点，可直接悬挂黄板诱杀；根据蚜虫对银灰色有较强驱避性的特点，可在蔬菜田悬挂银灰色塑料条或在蔬菜田覆盖银灰色地膜驱避蚜虫。

③ 生物防治　蚜虫的天敌较多，有瓢虫、食蚜蝇、蚜茧蜂、草蜻蛉、蚜霉菌、蜘蛛等，生产中应加以保护和利用，以发挥天敌对蚜虫的自然控制作用。

④ 化学防治　在蚜虫发生初期，把蚜虫消灭在迁飞传毒之前，可选用灭蚜灵烟剂或虱蚜克烟剂烟熏防治，当田间蚜虫发生在点片阶段时，可用10%吡虫啉可湿性粉剂3000倍液或3%啶虫脒乳油2500倍液、1%除虫苦参碱浮剂600倍液进行喷雾；在蔬菜生长期若蚜虫发生严重时，可选用1.8%阿维菌素2000倍液或10%吡虫啉可湿性粉剂3000倍液喷雾防治。

白粉虱是棚室瓜菜生产中的另一种主要虫害，由于棚室温湿度有利于白粉虱的发生和繁殖，棚室与露地瓜菜生产紧密衔接，白粉虱宿主非常多，致使白粉虱周年发生、分布广、抗药性强、危害重，严重地制约了棚室瓜菜的生产，给生产者造成较大的损失。

白粉虱以成虫和若虫群栖于叶背，刺吸叶片汁液，使叶片生长受阻变黄。成、若虫均能分泌大量蜜露，污染叶片和花蕾，引起煤污病，造成叶片萎蔫，植株枯死。蜜露能堵塞叶片气孔，影响植物光合作用，导致减产，严重的造成绝收毁种。此外，白粉虱还可以传播病毒病，造成的危害更大。

白粉虱一年可发生多代，世代重叠现象明显，可以各个虫态在棚室蔬菜上越冬。成虫多在清晨羽化，雌雄成虫成双并排栖于叶背，成虫羽化后24小时就可交配，一生交配数次，交配后1～3天产卵，每头雌虫产卵28～534粒。雌虫可进行孤雌生殖，但其后代均为雄虫。成虫具有趋光性、趋黄性及趋嫩性，即喜欢取食植物幼嫩组织，故多群集产卵于嫩叶。此虫在植株上的分布情况：最上部叶片多为成虫和淡黄色的卵，稍下为即将孵化的卵，再下部为初龄幼虫、老龄幼虫，最下部则以蛹为多。若虫孵化后在卵壳旁停留几分钟，然后慢慢爬行，数小时后找到适宜叶片，将刺吸式口器插入叶片内吸食，一般不再剧烈活动，后若虫触角和足退化，就固定下来生活。成虫活动最适温度为22～30℃，繁殖适温为18～21℃，一般一个月发生一代。

该虫在甘肃大多数地方露地不能越冬，在棚室中可继续繁殖，周年发生。棚室白粉虱发育速度快，繁殖力强，世代多，世代重叠，防治难度大。

棚室白粉虱的防治，必须在摸清其生活习性和发生规律的基础上，以农业措施为基础，结合物理、生物防治，合理用药，控制危害。

① 农业措施　在育苗或栽植前进行高温闷棚；前茬收获结束后彻底清除杂草和残株，杀灭残余虫口；结合整枝打杈，清除带虫老叶并带出田外烧毁或深埋，以有效地降低田间虫口基数。

② 物理措施　在通风口处设置纱网，阻止外面的虫体侵入。利用白粉虱成虫对黄色有较强趋性的特点，在瓜菜行间放置与瓜菜植株同高、涂有机油的黄板，每亩放置33块左右，待白粉虱粘满时更换，可减轻白粉虱的危害。洗衣粉对白粉虱有强烈的触杀作用，在白粉虱发生时，可用600～800倍液的洗衣粉喷防，喷后可化解白粉虱体表的蜡质层，并渗入虫体内，使害虫体表气孔堵塞而窒息死亡。

③ 生物措施　有条件的，当棚室内白粉虱成虫平均每株有0.5～1头时，释放丽蚜小蜂，平均每株释放3～5头，每隔10天左右再放1次，共释放3～4次，控制效果显著。在白粉虱发生初期的3～4个月内，每平方米人工释放草蛉10头

左右，可以有效控制白粉虱的虫口密度。

④ 药剂防治 白粉虱危害初期，可用10%吡虫啉2000倍液或1.8%阿维菌素2000倍液、25%扑虱灵2000倍液等喷雾防治，隔5～7天再用上述农药交替喷雾一次。

在棚室西红柿生产中易出现畸形果、空洞果、裂果、僵果等生理性病害，影响生产效益的提高，要加强防治。

① 畸形果 果实膨大后出现桃形、瘤形、歪扭、尖顶或凹顶等症状。

a. 发生原因 花芽分化期遇到8℃以下持续低温，加之苗床水分过多或氮肥过量，使花芽细胞分裂旺盛，花蕊心皮形成多而造成果实畸形；在苗期遇到持续阴雨天气和低温时，花芽分化不正常而导致产生畸形果；为了促进坐果而进行蘸花时激素使用不当也容易出现畸形果。产生畸形果的花，子房形状常常不正常，以致形成扁平果、弯曲果等各种各样的畸形果。

b. 预防措施 种植时选择适宜的品种栽培；做好苗期温度管理，避免温度变幅太大，遇到连续阴雨天应采取加温栽培，防止温度过低；强化肥水管理，防止偏施氮肥及苗床过于潮湿现象的发生；在使用激素时要严格使用次数和剂量，不可随意改变药量。

② 空洞果 棚内出现高温危害，使受精不完全，种子形成少，致使胎座组织的发育赶不上果皮部的发育而产生空洞果。

a. 发生原因 种子形成过程中，要产生大量果胶物质，用来充实果腔，若种子形成太少，便会缺少果胶物质，不能充实果腔，从而引起果实空腔。使用生长素时，若处理时期太早、浓度过大，则种子更少，同样会导致空洞果的产生。

b. 预防措施 使花粉正常发育，提高种子的可育性；掌握好生长素处理花朵的时间和浓度，生长素处理花朵后加强通风，及时浇水追肥，避免高温危害。

③ 裂果 裂果现象呈多样性，当果实表面失去弹性后，有的以萼片为中心呈同心圆状裂果，有的从萼片开始以放射状裂果，有的从果的侧面裂开。

a. 发生原因 在着色期，阳光射在果实表面上，使果实表面温度升高，易出现裂果；膨果期持续干旱后突然浇大水或遇大雨，植株吸水迅速，使果肉生长过快，果皮的发育速度跟不上果肉的生长速度而将果皮撑开；高温、强烈的光照和激素的不合理使用也容易产生裂果。

b. 预防措施 培养健壮植株，晴天时盖上遮阳网，避免果实受阳光直射，打尖时上边留2片叶；结果期保持土壤湿润，严防浇水时间相隔太长或过短导致土壤忽干忽湿。

④ 僵果　在低温下，果实未能充分发育，生长迟缓，尚未充分膨大就开始着色。

a. 发生原因　气温低、日照差、地温低、养分吸收不良均会导致出现僵果。

b. 预防措施　提高地温、气温以促进养分吸收和体内代谢活动。

⑤ 果实着色不良　果实表皮的红色素在 10～25℃的温度下开始显现，以 20～24℃条件下显现最快，故夜间温度过低或白天温度过高，光照又很强时都能阻止红色素的产生。

a. 发生原因　光照是否充足是影响着色的主要原因，另外，在果实坐住后，花瓣没来得及脱落而附在果实上，植株叶片遮挡，都会导致果实着色不良；棚室瓜菜接受曝光照射时间短，或在棚膜被尘土覆盖，透光率低时也会造成果实着色不良。

b. 预防措施　在栽培时应注意合理密植，防止种植过密，导致田间光照恶化，影响果实着色；注意选择紫外线透过率高的棚膜，提高瓜菜紫外线的获得量，促进着色；保持棚面洁净，增加室内的进光量；适量通风，控制好温度、湿度。

（7）适时采收　采收后需长途运输 1～2 天的，可在转色期采收；采收后就近销售的，可在成熟期采收。

四、马铃薯春大棚促成栽培技术

春季利用大棚生产马铃薯，不但可提早成熟，而且可提高产量，极有利于生产效益的提高。根据陇东的生产经验，春季大棚促成栽培马铃薯（图 4-6）时应注意以下要点。

图 4-6　大棚栽培马铃薯

1. 种植季节安排

2月下旬至3月初播种，5月中下旬收获。

2. 品种选择

大棚马铃薯促成栽培生产中应选择结薯快、块茎膨大快、休眠期短、高产、优质、抗病的早熟品种种植，像早熟荷兰15、LK99、陇彩1号等。

3. 整地施肥

播种前半月扣棚烤地升温，种前3～5天深翻土壤，结合深翻土壤，亩施充分腐熟的农家肥3500～4000千克或商品有机肥300～400千克，高钾型复合肥120～150千克，将肥料均匀撒施地表，然后用旋耕机耕旋两遍，为马铃薯生长结薯创造疏松肥沃的土壤条件。然后起宽80厘米、高12～15厘米、间距25～30厘米的垄，田间喷施田补等芽前除草剂，然后用黑色地膜覆盖。

4. 播种

在垄上按25～28厘米的间距挖穴播种，亩播种5500～6000株，播深10～13厘米。

5. 田间管理

播种后20～25天，选择晴天破孔引苗，将弯曲在膜下的苗掏出，用细土将破孔盖严。出苗后保持棚内温度白天在20～26℃，夜间在12～14℃，前期要做好保温防寒工作，夜间在棚膜上加盖保温被，后期随着外界气温升高，要逐步加大通风量，防止高温危害。大棚栽培时土壤水分无法自然补充，要根据土壤墒情及马铃薯生长节奏进行人工补充，以保证马铃薯生长的顺利进行。一般在现蕾期、开花期、薯块膨大期如果土壤墒情差，要分别浇一次水，浇水以灌满垄沟为宜。

6. 病虫害防治

大棚马铃薯生产中，要加强疮痂病的防治，以提高马铃薯的商品性。疮痂病主要危害马铃薯块茎，先是使表皮产生浅棕色的小突起，几天后形成直径0.5厘米左右的褐色圆形或不规则形大斑块，因产生大量木栓化细胞，质感粗糙。后期中央凹陷或凸起，呈疮痂状硬斑块，根据病斑形态可分为突起型疮痂病和凹陷型疮痂病。病斑仅限于皮部，不深入薯内。

病菌在土壤中腐生或在病薯上越冬。块茎生长的早期表皮木栓化之前，病菌从皮孔或伤口侵入；块茎表面木栓化后，则侵入困难，病薯长出的植株极易发病，健薯播入带菌土壤中也能发病。一般在25～30℃温度范围内可发病，中性或微碱性砂质壤土发病重，土壤pH值5.2以下很少发病。不同品种抗性存在较大差异，白色薄皮品种易感病，褐色厚皮品种较抗病。

防治时注意：马铃薯与葫芦科、豆科、十字花科等作物应进行五年以上轮作；选用无病种薯播种，不要从病区调种，种薯在播种前用200倍福尔马林溶液浸泡2小时后晾干再切块，或将种薯放置于密闭条件下，选用百菌清或腐霉利烟剂熏蒸2～3小时进行消毒；播种地块增施有机肥，减少化学肥料用量，提高土壤肥力，抑制发病；发病初期用65%代森锰锌可湿性粉剂1000倍液或72%农用链霉素2000倍液进行喷雾，间隔7～10天再喷一次；或用松脂酸铜15～35毫升兑水15千克或使用70%甲基托布津800倍液喷雾防治。

7. 收获

马铃薯促成栽培，成熟早晚对生产效益影响较大。在5月上中旬薯块充分膨大后，即可开始采收（图4-7），供给市场，以提高生产效益。

图4-7　大棚马铃薯收获

五、黄瓜春大棚栽培技术

黄瓜是设施栽培中的主要蔬菜种类之一，利用大棚栽培黄瓜（图4-8），具有投资少、早上市、产量高、收入好的优点。

1. 生产季节安排

甘肃塑料大棚春黄瓜一般在元月下旬至2月上中旬于温室内育苗，3月中下旬定植于大棚，4月中下旬至7月中下旬采收。

图 4-8　大棚栽培黄瓜

2. 品种选择

春季塑料大棚黄瓜生长过程中，温度、光照较适宜，因而对品种要求不严，可选择成熟早、品质优、丰产性好、较耐弱光、单性结实能力强、抗霜霉病和细菌性角斑病、市场好销的品种种植。目前生产中大量应用的品种有：长春密刺、津春 5 号、津优系列、中农 12 号、北农 12 号、京研迷你 2 号等。

3. 温室育苗

目前生产中专业化程度提高，生产分工越来越细，育苗已开始走向专业化，工厂化穴盘育苗已成为主要育苗方式。由于工厂化育苗具有加温设备，可根据幼苗各阶段的不同需要调节到最适温度，满足幼苗期对积温的要求，使育苗时间大大缩短，一般比其他育苗形式缩短 7～10 天，而且秧苗生长环境优越，幼苗根系发达，苗茎粗壮，干物质积累多，瓜苗品质好，移栽在大棚内缓苗快，幼苗生长茁壮。

工厂化育苗的主要设备有基质消毒机、基质搅拌机、育苗穴盘、自动精量播种系统、恒温催芽设备、育苗设施灌溉水供给系统、二氧化碳增肥机等。

育苗时用草炭与蛭石按 2∶1 的比例配制基质，每立方米基质中加入尿素 0.3 千克左右，磷酸二氢钾 0.5 千克左右，加 50%甲基托布津或 50%多菌灵可湿性粉剂 80 克，95%敌百虫粉剂 60 克，将以上原料充分混匀后装入穴盘，一般用 72 孔穴盘，每 1000 盘需备基质 4.5～5 立方米；采用 128 孔穴盘，每 1000 盘需备 3.7～4 立方米。装盘时基质不能装得过满，装盘后各个格室应清晰可见。将装好基质的穴盘垂直码放在一起，4～5 盘一摞，上面放一空盘，两手平放在盘上均匀下压至要求深度，然后播种。

播种用的种子要选择质优、抗病、丰产的品种，在种前进行精选，选择纯度高、洁净无杂质、籽粒饱满、发芽率高的种子，用温汤或福尔马林浸种，风干后，每穴点播 1 粒，播种后覆盖蛭石，浇一次透水。

穴盘育苗采用干籽直播，播种后为了促进黄瓜种子尽快萌发出苗，应在催芽室中进行催芽处理。将播完种的育苗穴盘移入催芽室，将室温调至 28～30℃，经过 48 小时即可出苗。待 80%以上种子子叶拱土后，将穴盘转入育苗设施中，然后适当降低温度，白天温度保持在 22～25℃，夜间温度不要低于 18℃。第 1 片真叶萌生至移苗定植前一周，适当提高温度，白天温度控制在 25～28℃，夜间不低于 16℃。定植前 5～7 天，适当降温炼苗，白天温度控制在 20～25℃，夜间不低于 15℃。育苗过程中应保持基质湿润，一般将子叶展开至 2 叶 1 心时基质水分含量控制在 70%～75%，2 叶后至成苗时控制在 65%～70%。浇水最好在晴天上午进行，要浇透。成苗后起苗的前一天或起苗的当天浇一次透水，使幼苗容易从穴盘上拔起，防止幼苗运输过程中缺水死苗。在幼苗不受冻害的前提下，应早揭晚盖苫帘，以延长光照时间，保证幼苗对光照的需要，培育壮苗。

4. 整地定植

尽可能不要选择前茬种植过瓜类作物的地块种植，前茬种植作物的大棚要在瓜苗定植前 20～30 天及时拉秧腾地，2 月中旬扣棚暖地，棚内土壤化冻后进行深翻整地，结合深翻整地，每亩施入优质农家肥 6000～7000 千克，磷酸二铵 30 千克左右，将肥料均匀撒施地表，用旋耕机进行耕旋。然后南北向起宽 1 米、高 20 厘米左右的大垄，垄上覆黑色地膜保墒抑草，每垄在垄中央按株距 17 厘米的标准，选择根群白色而发达，苗高 16～18 厘米，茎呈四棱形，粗 0.5～0.8 厘米，有 4～5 片真叶，节间短，叶肥厚，有明显叶刺，子叶完整、肥厚、宽大而新鲜，苗龄在 35～40 天的壮苗栽植，每亩栽植 3900 株左右。栽深以苗坨面与垄面相平为宜，定植后少量浇水，以利缓苗，2～3 天后封口。一般在当地晚霜结束前 30 天左右，当大棚内 10 厘米土层的温度稳定在 12℃以上，夜间最低气温不低于 7℃时即可定植。春大棚黄瓜在定植时因外界气温较低，在温度适宜的情况下要尽量抢早定植，宜在晴天上午完成定植。定植时应注意剔除病弱苗、带伤苗、老化苗、花打顶苗，以保持田间植株生长整齐。定植不要过深，定植后立即封棚保温。

5. 栽植后管理

（1）温度管理 定植后闭棚升温，促进缓苗。遇寒潮天气可在棚内挂二层幕或用玉米秸在棚的周围围一道高1.2～1.5米、厚30厘米的保温围墙保温，白天温度保持在25～30℃，温度超过30℃时通风降温，午后气温降到25℃以下时闭风，夜间保持10～13℃，缓苗后应根据天气情况适时放风，保证22～28℃并维持8小时/天以上，夜间最低温度维持在12℃以上。黄瓜对温度的要求严格，一般生长期温度以20～25℃为宜，中后期棚外温度较高，棚外温度不低于15℃时昼夜通风。定植后要注意及时中耕松土，提高地温。采收中后期注意降低地温，以延缓衰老，提高结实能力。

（2）肥水管理 春季气温有利于黄瓜生长发育，应供给充足的肥水，以促进产量提高。定植后3～5天，如生长点有吐水现象发生，即表示已经缓苗。根瓜初生还没有坐住时，为了防止茎叶徒长，引起化瓜，一般不浇水。在采收初期，植株较矮，结瓜量少，应少量浇水，可5～7天浇一次水；进入结瓜盛期，植株蒸腾量较大，结果量多，通风量大，一般3～4天浇一次水，浇水量也应增加，浇水一般以早晨进行为好。黄瓜定植后生长加速，其根系吸收能力差，又不耐肥，因而黄瓜催肥应少量多次进行，在根瓜采收后开始追肥，以后每采一回瓜施一次肥料，每次每亩施用氮磷钾（18-18-18）三元复合肥10～15千克。

（3）植株调整 大棚黄瓜多采用吊蔓栽培，可将尼龙绳直接系在大棚的拱架上，下端顺时针绕在植株基部，随着植株的生长，每天都将主蔓绕在吊绳上，以保证黄瓜植株头向上生长。为了促进根系和瓜秧生长，12节以下的侧枝尽早打掉，12节以上的侧枝，叶腋有主蔓瓜的侧枝应打掉，叶腋无主蔓瓜的侧枝保留，结1～2条瓜，瓜前留2片叶摘心，植株长到25～30片叶时摘心，促进回头瓜、侧枝瓜生长。随时摘除病叶及下部老弱枯黄的叶片，摘除卷须，改善田间通风透光条件。

（4）花瓜管理 为了增加雌花的数量，防止瓜秧徒长，可用乙烯利进行处理。一般在幼苗长至2叶1心时，用增瓜灵（含乙烯利）喷黄瓜植株，以后4叶期、6叶期各喷一次，共喷3次（按说明书操作），可有效提高产量。在结瓜前期，大棚内昆虫数量少，多授粉不充分，要进行辅助授粉或用激素处理，以提高坐瓜率，可用0.1％吡效隆配制浓度为10毫克/千克左右的水溶液在雌花开放当天处理雌花，促进坐瓜。

根瓜要早采，防止坠秧。结果初期，市场上瓜量少，售价高，可将达到商品标准的瓜条（图 4-9）及时采摘销售，以提高效益。同时瓜条采收后，有利于后续瓜生长，提高产量。盛瓜期可每天采收一次，采收应在早晨进行，采收应细致，该采全采，防止漏采导致坠秧现象的出现。

图 4-9　黄瓜瓜条

（5）病虫防治　棚室黄瓜生产中危害最严重的病害为霜霉病，应作为重点进行监控和防治。霜霉病属于真菌性病害，主要危害叶片，下部叶片先发病，由下部叶片开始向上蔓延，受叶脉限制，叶正面产生不规则的多角形病斑。湿度大时叶背有黑色霉层，后期病斑连片枯死，病斑不穿孔，不危害果实。

霜霉病病菌孢子随空气和灌水传播，高湿是发病的关键因素，病菌只有在叶面有水膜时才能入侵，温度在 15～25℃、空气相对湿度达 83%以上时病菌开始萌发并大量繁殖。病菌在叶片的水膜和水滴中侵入叶片，3～4 天后叶片出现病斑，很快流行，俗称“跑马干”。温度小于 15℃或大于 30℃时病菌停止萌发，空气相对湿度低于 70%时停止繁殖。

防治霜霉病时要因地制宜地选用适合当地种植的抗病、耐病的品种种子，播种前要严格进行种子消毒，培育壮苗，栽植时淘汰病苗、弱苗、徒长苗；栽培地应选择地势高、通风透光、排水良好的地方，栽培过程中要合理浇水，降低湿度；生产中施肥应以有机肥为主，化学肥料施用时注意氮、磷、钾及其他微量元素的合理搭配；植株生长过程中及时摘除老叶、病叶，清除病残体；保持田间通风透光；实行膜下滴灌，晴天上午浇水；阴天坚持短时间通风。坚持分段温度管理法，上午闭棚升温，温度升至 32℃时开始通风，下午温度降至 20～25℃时闭棚，以减少夜间结露。在病害控制不住时再用高温闭棚，闭棚前一天浇水，第2天中午关闭所有通风口进行闭棚，使温度上升到42℃左右并持续2小时，彻底杀死病菌，然后放风，10天后再处理一次。在做好以上防治措施的同时，要注意适期用药防治，在发病初期每亩用45%百菌清烟剂200克点燃熏防，或用50%多菌灵可湿性粉剂800倍液、64%杀毒矾可湿性粉剂400倍液、50%甲霜铜可湿性粉剂600～700倍液、72.2%普力克可湿性粉剂800倍液交替喷施，每7～10天进行一次，连喷2～3次，控制危害。

细菌性角斑病是棚室黄瓜生产中的另一主要病害，对生产威胁大，也是防治的重点之一。细菌性角斑病病菌可侵染除根以外的所有器官，湿度大时叶背面可见白色菌脓，较霜霉病病斑小，呈透明状，后期病斑穿孔。危害瓜条时，表面布满水珠状菌脓，果实软腐并有异味。

病菌随种子或病残体在土壤中存活，病菌主要从气孔、水孔及伤口侵入。10～30℃均可发病，适宜发病温度为24～28℃。棚室高湿有利于发病。

防治时要注意选择抗病品种种植，认真搞好播前种子消毒；增施有机肥和磷钾肥，提高植株抗性；在发病初期可用50% DT（琥胶肥酸铜）可湿性粉剂500倍液或60%DTM（琥·乙磷铝）可湿性粉剂500倍液、72%农用链霉素4000倍液防治。

流胶病也是棚室黄瓜生产中常见病害之一，影响产量的形成，不利于生产效益的提升，生产中应加强防治。流胶病主要危害黄瓜，细菌性流胶病在苗期和成株期均可发生。苗期定植后7～10天，地上部出现黄叶，在地表茎部（地膜下）即出现黄褐色水浸状病斑。地面湿度大时其子叶由边缘向内腐烂。病斑继续向上发展，可见近地面第1片叶子边缘出现1～2个水浸状凹陷病斑，后扩大向内发展，病斑处的叶脉呈深褐色。棚内湿度大时，茎基部出现流胶，病情继续向上发展，叶背面的病斑溢出菌脓，干燥时病部易干、质脆，呈开裂或穿孔状。成株期植株开花结果时，在郁闭高湿条件下，先在茎蔓的叶节易积水处流胶，或在瓜条、叶柄、卷须上出现水渍状病斑或有水珠，扩大后呈鼻涕状，严重时病株上叶片黑褐色、叶脉出现水渍状，在植株顶部叶节处出现黑褐色萎蔫，枝条下垂、溃烂，后呈褐色干枯。黄瓜植株感染细菌性流胶病后，畦面落秧的瓜蔓上湿度大时出现流胶，这是与其他黄瓜细菌性病害的区别。

细菌性流胶病由丁香假单胞菌引起。病原菌可在种子和病残体上越冬，借风雨、灌溉水传播蔓延。病原菌也可通过人在走道上来回走动，或浇水造成的伤口侵染；摘心、掐须、绕蔓、摘瓜、打杈等农事操作对植株造成的伤口，也是病原菌的侵染途径。不适宜的温度和湿度是该病发生的主要环境条件，湿度大，发病重。大棚黄瓜苗期或开花结果期遇雾或阴雨天，棚内湿度大，若植株下部叶片多，郁闭，植株茎蔓、瓜条易流胶，并迅速蔓延，发病严重。病原菌发育适宜温度为25～27℃，但秋冬和早春棚内温度19～24℃维持10天以上，一旦升温，棚内中午温度高，昼夜温差大，细菌性流胶病发生严重。

防治细菌性流胶病首先应注意控制环境条件，通过降低环境湿度，增加通风透光，来抑制流胶病的发生；定植时少盖土，露出幼苗茎基部；苗期发病时，揭开植株周围的地膜排湿；已发病的棚室成株进行药剂喷雾前，先去掉植株下部叶片，尤其去掉畦面上覆盖的叶片，减少病残体，并做到边去叶边喷雾，防止病原菌从伤口二次侵染。通过上述措施可减缓植株下部的湿气上升，大大减轻植株上部病情，增加植株间通透性，植株上部能很快长出无病新叶。在抓好以上措施落实的基础上，要注意适时进行药剂防治。药剂防治时应抓好以下关键期：定植前每亩用77%硫酸铜钙可湿性粉剂1000克、70%甲基托布津可湿性粉剂600克、干细土30千克充分拌匀后撒施于定植黄瓜的畦垄上，可有效防治由腐皮镰孢菌侵染引起的茎内韧皮部褐色病变。定植时用77%硫酸铜钙可湿性粉剂600倍液和70%甲基托布津可湿性粉剂1000倍液混合灌根，每穴灌0.1千克，定植时先灌药后埋土，隔7～10天再灌一次，连灌2次，有很好的防治效果。定植后7～10天，用50%氯溴异氰尿酸可溶性粉剂800倍液+33.5%喹啉铜可湿性粉剂750倍液+40%沃加福（海藻酸生物发酵液）1000倍液，每隔10天喷一次，共喷4次。成株期每亩棚室用硫酸铜1～2千克或120抗菌剂0.5～1千克随水冲施，再用70%甲基托布津可湿性粉剂600倍液+46%氢氧化铜水分散粒剂（可杀得3000）1500倍液喷雾，再配合用可杀得3000或20%农用链霉素可溶性粉剂对患病茎蔓部位涂抹，防效更好。

六、甜瓜春季大棚高效栽培技术

利用大棚栽培甜瓜（图4-10），可有效防止病毒病的发生，促进早熟，提高产量，生产效益很好。其栽培要点如下。

1. 适期扣棚烤地，提高地温

春季地温较低，是甜瓜提早播种的主要限制因素，棚栽时可通过早扣棚、双层覆盖等形式，促使地温提高。

2. 精细整地

甜瓜根系分布浅，因此应创造疏松的耕层条件，以引导根系向纵深发展，扩

图 4-10　大棚栽培甜瓜

大根群，提高植株的吸收能力。播前可将土壤深翻 25～30 厘米，翻后细致耙耱，以利保墒。

3. 施足肥料

棚栽甜瓜由于定植密度大，田间生长量大，需肥较多，在播种前应施入充足的有机肥，以保障营养供给。一般亩施有机肥应在 4000 千克以上，过磷酸钙 35 千克，草木灰 300 千克，油渣 75 千克，尿素 7.5 千克，在整地前均匀撒施于地表，然后耕翻。如果肥料少，应采用集中施肥的方法，以便充分发挥肥效。可将肥料施入播种行内，以利植株就近吸收。

4. 适期播种

大棚甜瓜在不受冻害的前提下应尽量提早播种，一般在陇东惊蛰前后播种，棚套膜的最好在惊蛰后 7～8 天播种，单层棚的在春分前后播种。

5. 合理密植

棚栽时要充分利用空间，应采取密植栽培法，一般采用行距 80 厘米、株距 40 厘米、亩留苗 2200 株的形式播种。

6. 苗期管理

在播种后至幼苗期，可用玉米秸在棚的周围围一道高 1.2～1.5 米、厚 30 厘米的保温围墙，促进出苗及幼苗健壮生长。白天将温度升高至 25℃以上，夜间温度应在 13～14℃左右，防止徒长及病害的发生。在中午高温时应适当通风排湿，保持棚内空气干燥，以利植株生长。植株采用二、四分杈留蔓，在植株有 5

片真叶时留3片真叶摘心，促生子蔓，每株留子蔓2条，再在有5～6节时摘心，促生孙蔓，在孙蔓8～10节处留瓜，每蔓留瓜3～4个。在苗期应加强中耕，减少杂草对肥水的消耗。在坐瓜前可不浇水、不追肥，以防植株徒长，影响坐瓜。

7. 开花坐瓜期管理

在始花期，为了促进雌花的形成，应加大昼夜温差，白天将温度提高到32℃，夜间温度降至12～15℃；在盛花期应将温度提高到28～30℃，以促进授粉，空气湿度应控制在45%～60%。在花期应加强人工授粉或每升水兑1毫升的2,4-D喷花，有条件的可在棚内放蜂，促进授粉。在果实坐住后，要求温度较高，白天温度应在30～32℃，夜间温度应在15～20℃，空气湿度应控制在50%左右。坐瓜后，植株需养量增加，应开始追肥，每亩施磷酸二铵10千克，浅浇水一次，半月后再追施一次油渣，施量掌握在每亩35～40千克，浇灌一次透水，以促进果实膨大，促进产量提高。

8. 及时剪蔓，促进二茬栽培

在甜瓜收获后，应留茬10厘米左右，剪除地上部，利用茎的再生能力，促进形成新的植株，进行二茬栽培。一般管理得法50～60天后，即可采收二茬瓜。

七、哈密瓜大棚栽培技术

1. 适期育苗

大棚哈密瓜生产中要注意适期育苗，若过早育苗，气温低，遇阴雨天气易沤根，定植后多遇大风、寒潮、雨雪天气而使棚膜破损，外界气温低于0℃瓜苗易受冻，受冻后发苗慢且发育不整齐，因而一般以2月上旬温室育苗较恰当，当3月中旬棚内白天气温达25℃，夜间气温不低于10℃，10厘米地温达12℃以上时开始定植。

苗期要加强温度管理，播种后出苗前温度要高，一般白天最高温度保持在30～35℃；出苗后至第1片真叶出现前要适当降低温度，保持白天温度在22～28℃，夜间15～17℃；从露出真叶至第2片真叶长出时提高温度，保持白天温度在25～28℃，夜间温度在15～18℃；定植前5～7天通风炼苗，白天温度控制在22～25℃。

2. 整地施肥定植

栽植前土壤要深翻，保持翻深在15～20厘米，结合深翻土壤，每亩施入充分腐熟的农家肥3000～4000千克或商品有机肥300～400千克，磷酸二铵30～40

千克，将肥料撒施地表后耕旋，然后按140～160厘米的间距做垄，保持垄宽80～90厘米，沟宽60～70厘米，垄高15～20厘米，垄上铺设滴灌设施后覆膜，大果型品种（如新蜜宝）每亩栽植700株左右，小果型品种（如西州蜜25号）每亩定植900株左右，定植后浇足定植水，并加小拱棚保温。

3. 定植后管理

定植扣棚后密闭棚体，尽可能提高温度，以促进新根生长，白天温度保持在30～38℃，超过40℃放风。主蔓留3～4片真叶摘心。留2条子蔓，子蔓留14片真叶掐尖，将其余茎蔓、叶芽、卷须除去。孙蔓现雌蕾后蕾前留1片叶掐顶。在雌花开放时要加强人工授粉，以提高坐果率，授粉在上午6～10时进行，摘下雄花，去掉花瓣，在雌花柱头上涂抹。授粉后1周内选果个大而形状端正的留果，并插牌作标记，同时除去叶芽、小茎蔓。幼瓜长到1.5千克时翻瓜，此时瓜开始形成网纹，2.5千克时垫瓜，1周左右再翻瓜1次。

4. 肥水管理

定植后子蔓长出第13片叶时浇第2次水，定瓜后（瓜长到鸡蛋大小时），每亩施硫酸钾30～40千克，施后浇水，以后每隔7～10天浇1次水，收获前1周停水。

5. 病虫害防治

大棚栽培哈密瓜易受白粉虱、蚜虫、斑潜蝇、细菌性角斑病、白粉病、蔓枯病等病虫危害，影响产量的形成，生产中要加强防治。

白粉虱发生时可喷25%吡蚜酮可湿性粉剂2000～3000倍液或25%噻嗪酮可湿性粉剂1000～2000倍液、3%啶虫脒3000倍液防治。

蚜虫发生时可喷3%啶虫脒乳油2000～3000倍液或10%吡虫啉可湿性粉剂2000倍液、25%吡虫·仲丁威乳油2000～3000倍液、1.5%苦参碱500倍液防治。

斑潜蝇发生时可用50%灭蝇胺可湿性粉剂2000～3000倍液、20%阿维·杀虫单微乳油1500倍液防治。

细菌性角斑病可用72%农用链霉素2000倍液或70%可杀得可湿性粉剂500～800倍液喷防。

白粉病可用70%硫黄·甲硫灵可湿性粉剂800～1000倍液、10%苯醚甲环唑水分散粒剂+75%百菌清可湿性粉剂600倍液防治。

蔓枯病可用25%咪鲜胺乳油800～1000倍液+75%百菌清可湿性粉剂600倍

液或70%甲基硫菌灵可湿性粉剂+70%丙森锌可湿性粉剂600倍液防治。

八、西瓜地膜加拱棚覆盖栽培要点

栽培早熟西瓜，可提早上市，售价高，经济效益好。地膜加拱棚覆盖栽培（图4-11）是静宁群众创新的促进西瓜早熟的栽培措施，现将这一措施整理总结如下，以供交流。

图4-11 西瓜地膜加拱棚覆盖栽培

1. 选择生长期短的品种栽培

西瓜品种不同，生长期差别较大，一般早熟品种生长期在80～85天，中早熟品种生长期在90天左右，晚熟品种生长期在100天以上。进行早熟栽培时，应注意选择生长期短的品种种植，以利早上市，促进生产效益的提高。

2. 实行育苗移栽

不同品种西瓜生长期长短的差别主要在幼苗期，幼苗期植株生长缓慢，生长时间长，特别是早熟栽培时由于春季低温，常使早熟栽培受到制约，生产中采用育苗移栽的方法，可有效提前播种期，为早熟栽培争取时间。早熟西瓜育苗时应抓好以下要点。

（1）选好种　育苗用的西瓜种子一般应选择采收1～3年的种子，种子过陈，则出芽率低。要尽量选择大小一致、种壳平滑、色泽鲜亮、下端钝圆、上端尖、种仁饱满者播种，剔除畸形、破碎、色泽暗淡的种子，以保证出苗及幼苗健壮生长。

(2) 浸好种 用2份开水、1份凉水兑成温水，将选好的种子浸泡10分钟左右，然后使水温自然降低，浸种5～6小时，可有效提高出芽率。

(3) 把好时 育苗时间可根据当地移植期来确定，由于西瓜根系脆而嫩，易折断，根系受伤后愈合能力差，因而西瓜育苗苗龄不可过大，一般苗龄应控制在1个月之内，以育3～4叶苗为主。在陇东以3月中旬用电热丝育苗较适宜。

(4) 催好芽 浸种后的西瓜种子在播种前要洗净种子表面黏膜，沥干或晾干种子表面水分，然后将种子用湿毛巾包好，放入盆内，在热炕上催芽，2～3天种子就可出芽。

(5) 管好苗 用7份田园土、3份充分腐熟的有机肥配制成营养土，装入直径10厘米左右的营养钵中，将营养钵放入铺有电热加温线的苗床中，然后将苗床浇透水，在营养钵中点播催出芽的西瓜种子，每钵点播一粒，播后在苗床上再撒一层营养土，苗床上搭小拱棚，盖棚膜保温。

(6) 苗期管理重点 苗床白天应覆盖严，不漏气，床温应控制在25～28℃，拱棚内气温应控制在15～32℃，育苗前期应注意防冻，后期应注意防高温危害。一般当温度低于15℃时，植株生长速度会变慢，低于10℃时，生长会停止，5℃就会出现冻害。因而在育苗的前期，晚上低温时应注意加盖草帘、棉絮等进行防寒。在生长后期由于外界气温升高，拱棚内苗子易出现高温烧苗现象，应在高温期注意通风降温。在栽植前1周，应注意揭膜炼苗，揭膜时开口应由小到大逐渐进行，到栽植前1～2天全部揭除。由于拱棚内温度高，营养钵中水分散失快，易发生缺墒现象，应经常查看营养钵内的湿度，适时进行补水，防止缺墒，影响幼苗生长。

一般西瓜育苗时应注意以下事项：

① 要保护好根系 西瓜根系再生能力弱，受伤后不易恢复，在育苗时可用营养钵或营养土块育苗，且营养钵或营养土块宜大，这样对根系的保护效果好，移栽时对根系的创伤小，移栽后缓苗快，有利于西瓜生长发育。

② 适时育苗 从保护幼苗生长及外界环境条件考虑，西瓜育苗时间以当地露地直播西瓜播种前15～20天为宜。过早，瓜苗生长过大，根系保护不易；过迟，对于促进早熟作用不明显。一般在当地直播西瓜出苗期，育苗西瓜真叶开始顶心较为适宜。

③ 营养土要肥沃 西瓜幼苗吸收养分能力弱，营养土块配制上养分要全面。营养土用田园土、圈粪土和人粪土及适当速效氮、磷、钾配制而成。一般以圈粪土、田园土和人粪土按4∶4∶2混合，每百千克营养土加尿素0.5千克、过磷酸

钙0.5千克、草木灰5千克较好。

④ 育苗时温湿度要适宜，以便培育壮苗　一般子叶肥厚、胚轴粗壮的幼苗为壮苗。子叶出土后要适当地加以控制。主要可以通过对育苗床上覆盖物的揭盖进行控制。一般在不受冻害的前提下，适当的低温低湿有利于控制生长，培育壮苗。在育苗期温度应尽量保持在25℃左右。

⑤ 双株定植，单株留苗，适位留瓜　定植密度以每亩800～1000株为宜。定植时每穴植双株，成活后择优选留，选留的植株实行双蔓整枝，主蔓第2雌花或侧蔓第1雌花有利于早熟，应作为主要留瓜部位。

3. 多层覆盖，规范栽植

在陇东主要推广地膜覆盖加拱棚栽植技术，以提高保温效果，促使幼苗健壮生长，植株早成花、早结果。

4. 合理选茬

西瓜不耐重茬，重茬种植易得枯萎病，土壤养分消耗大，很不利于产量的提高，因而西瓜栽培对茬口要求较严格。陇东以冬小麦休闲茬、玉米茬、豆类茬较好，不适宜重茬种植，种植间隔期以6年以上为好，也不适宜与茄科作物连作。在合理选茬的前提下，尽量将西瓜种植在沙壤土上，以利提高西瓜品质。

5. 施足底肥

肥料是西瓜高产的物质基础，特别是早熟西瓜生长期短，植株生长迅速，盖膜后追肥不便进行，如果基肥施用不足，易造成植株早衰，不利于产量提高。因而早熟西瓜生产中基肥施用时提倡“一炮轰”施肥法，应将全年所需肥料的90%作基肥施入，基肥施用时要以有机肥为主，配施氮、磷、钾肥，以保证养分的均衡供给，促使植株生长与结果协调进行。一般每亩可施充分腐熟的有机肥5000千克左右，配合施用氮磷钾三元复合肥30千克左右，结合整地施入。

6. 精细整地

西瓜根系具有明显的好气性，早春地解冻后要及时进行耙耱，以创造疏松的土壤条件，减少土壤水分的蒸发损失。结合整地施用基肥，如果肥料充足，可全园撒施，如果肥料较少，应集中施在西瓜播种行，可按1.8米的行距开沟施入，以便肥料集中供给。在地整平耱细后，按1.8米的行距起宽50厘米、高20～25厘米的垄，垄上覆盖地膜，以利提温保墒。

7. 适时移植

西瓜生长需较高的温度，一般幼苗根系生长的最低温为10℃，在13～14℃

时才能产生根毛，因而适宜的移植时间应为外界日平均气温稳定在14℃以上、膜下5厘米地温稳定在16℃以上时。陇东以清明前1周移植较适宜。

早熟西瓜生长势较弱，应适当密植，走群体增产的道路。一般可采用0.3米×1.8米的株行距，每亩栽植1230株左右为宜。

移植时，在垄上需栽苗处，用瓜铲将地膜铲开，挖深15～18厘米的坑，将幼苗带钵放入坑内，用土固定，点浇定植水，用细绵沙或草木灰将膜口封严。然后用1.5米的竹片在栽植行上搭小拱棚，及时上盖棚膜。

8. 苗期管理

在西瓜苗移栽后，要严格控制小拱棚的温度，使棚内温度保持在18～32℃，白天温度超过32℃时应注意放风，夜间温度低时，可在棚上盖旧地膜、草帘等进行保温，在外界气温稳定在20℃以上时，可撤掉拱棚。

西瓜的分枝性很强，当主茎伸蔓后，在主蔓的叶腋间易发生侧蔓，在侧蔓上还可发生副侧蔓，如不加管理，会导致茎叶过旺生长，造成养分消耗，不利坐瓜，因而在伸蔓后期要及时进行整枝。早熟西瓜生产中应以双蔓整枝为主，保留主蔓和主蔓基部一条健壮侧蔓，其他多余的侧蔓在长到15厘米左右时剪掉。

随着西瓜蔓的生长，应及时将瓜蔓理顺，统一向南摆放，瓜蔓每延伸40厘米左右，用两根细树枝进行固定，使茎叶在田间均匀分布，充分利用光能，促使产量提高。

9. 追肥浇水

在西瓜坐住，幼瓜有乒乓球大小时，要及时追肥，以促使幼瓜快速生长。追肥以磷酸二铵为主，每亩施用30千克左右，最好兑水灌施。

10. 适位坐瓜

一般主蔓发育早，生长健壮，所结瓜个大、品质好，因而应以主蔓留瓜为主。一般第一雌花坐果时由于叶片少，营养物质积累不足，所结瓜个小，产量低，且易畸形，因而一般不留；第二雌花所结瓜个大质优，成熟较早，应作为主要留瓜节位。

11. 防治病虫害

在苗期应注意控制苗床湿度，提高温度，防止立枯病的发生，发现病株后应及时拔除，并立即用菌毒清进行灌防。

在植株生长期应加强枯萎病的防治，枯萎病全生育期均可发生，而以开花、伸蔓期发病最重。幼芽受害，则幼芽在土壤中即腐烂死亡，不出苗。出苗后发病，顶端呈失水状，子叶和叶片萎蔫下垂，茎基部萎缩变褐，发生猝倒死亡。在瓜蔓的伸长期症状明显，最初植株表现中午萎蔫，早、晚可恢复正常，时间较长后，早、晚则不能恢复，剖开病部，维管束变褐，造成植株死亡。成株发病时，病株生长缓慢，下部叶片发黄，似缺肥状，并逐渐向上发展，病情发展缓慢时，萎蔫不显著或中等萎蔫，早、晚可恢复，持续数天后，全株萎蔫枯死，产量损失大。

枯萎病病原菌的生活能力很强，可在土壤中存活8～10年。病原菌通过土壤、种子、农家肥、流水等传播，在瓜类生长的各个时期都能引起发病。病原菌在8～34℃下均能生长，以24～32℃最为适宜。pH值为4.6～6的土壤发病较重。地势低洼、排水不良、底肥不足、氮肥过量、大水漫灌和连作都会引起或加重枯萎病的发生。

防治时应注意选择抗病品种播种；尽可能地采用嫁接栽培法，利用葫芦、南瓜抗枯萎病的特性，解决枯萎病对瓜类作物的影响；播种时要严格进行种子消毒处理，用种子量0.3%的50%克菌灵可湿性粉剂或70%甲基托布津可湿性粉剂拌种，也可用40%福尔马林200倍液浸泡30～60分钟或用70%甲基托布津可湿性粉剂800倍液浸种60分钟，以杀死种子表面的病菌，捞出种子后用清水冲洗2～3次，再进行浸种、催芽，然后播种；要注意轮作，种植过西瓜的地块一般要6～8年后才能再种西瓜；适时进行药剂防治，枯萎病是维管束病害，一旦发病，必须立即进行药液灌根，发病初期以根部为中心，挖深和直径为8～10厘米的圆坑，勿伤根部表皮，每株灌药500毫升，药剂可选用40%多菌灵悬浮剂300倍液或75%百菌清可湿性粉剂1000倍液、70%甲基托布津可湿性粉剂800倍液、1%多氧清水剂300倍液、农抗120水剂500倍液，5～7天再灌根一次，灌后覆土封抗，同时可选用以上任一种药剂进行叶面喷雾防治。

另外，炭疽病也极易成灾，防治时不可忽视。炭疽病是瓜类、豆类等作物的主要病害，主要危害果实、叶片。叶发病初生褪绿水浸状圆斑，后变褐色，中央灰白，轮生小黑点。果实发病初生水浸状黄褐色圆斑，中央褐色，轮生小黑点或橙红点，高湿时溢出红色黏稠物。

炭疽病病原菌为半知菌亚门刺盘孢属真菌。以菌丝在种皮下或以病残体在土壤中越冬，借风雨、昆虫、病体接触等传播。高温高湿、田间郁闭、长势衰弱、密度过大、氮肥过多及病毒病发生较重的地块，炭疽病发生较重。温度17℃、相对湿度100%利于发病，温度高于27℃、相对湿度低于92%则很少发病，温度低于13℃病情停止发展。

防治时，要注意做好种子消毒，在播种前，用50%多菌灵500倍液浸种1小时；育苗时采用营养钵或穴盘进行护根育苗，防止病原菌由根系伤口侵入；定植前深翻土壤，多施优质腐熟农家肥，增施磷钾肥，提高植株抗病力；避免栽植过密，保持田间具有良好的通风透光条件；采用高畦栽培；发现病果及时摘除；发病初期喷 80%炭疽福美 800 倍液或 25%炭特灵 500 倍液、40%炭克 800 倍液、50%施保功 1500 倍液、25%使百克 1000 倍液防治。

12. 适时采收

西瓜的采收应根据供市情况而定，一般长途运销的，可在七八成熟时采收，短途供市的则可适当晚采。一般早熟西瓜在瓜坐住后 28 天左右即可成熟，生产中在坐瓜时应注意标记，以便做到适时采收。

九、西瓜春大棚高产栽培技术

1. 品种选择

春大棚栽培西瓜应选择早中熟、中果型、商品性好、适口性佳、耐低温弱光、耐阴湿、易嫁接、丰产抗病的优良品种，如陇科 11 号等。

2. 整地施肥

大棚早熟西瓜一般种植密度较大，要求精细整地，可在播前对棚内土壤进行深翻，保持翻深在 25 厘米以上，结合耕翻，每亩施入优质土杂肥 5000 千克以上或商品有机肥 500 千克以上、磷酸二铵 30 千克左右、硫酸钾 15 千克左右、腐熟饼肥 100 千克左右，将肥料均匀撒施地表，然后耕翻，耙平。

3. 播种育苗

中熟品种于 12 月底至翌年 1 月上旬育苗，早熟品种于 1 月下旬育苗，为了保护根系，可用穴盘或营养钵育苗，选择晴好天气，在穴盘或营养钵中先撒 2/3 的营养土，每穴放 1 粒催出芽的种子，芽朝下，上面再覆 1/3 的营养土，刮平，放到事先铺设有电热线的苗床上。西瓜发芽到出土要求较高床温，待大部分种子出苗后，立即降温，以防床温过高致下胚轴徒长。露出新叶后，适当提高床温，白天保持 25～30℃，夜间 16～20℃，促进其生长发育。定植前 1 周，当夜间温度在 10℃左右时可炼苗。

4. 移栽定植

2 月下旬定植，为了提高保温性，可采用三膜覆盖（棚膜、内膜、地膜），按 200 厘米×（45～50）厘米的行株距划出定植穴位，双行栽植，亩栽 880～980

株。栽植应在晴天进行，先在穴内浇适量水，待水渗下后栽苗，摆正瓜苗填土并轻轻压实，然后铺地膜，再插小拱棚，其上扣薄膜，不必压得过牢，便于天暖时昼揭夜盖。

5. 环境调控

（1）温度　定植后 5～7 天内，要注意提高地温，促进缓苗。若白天温度高于 35℃，应遮光降温。缓苗后可开始通风，以调节棚内温度，一般白天不高于 32℃，夜间不低于 15℃；当瓜蔓长 3 厘米左右时，可撤除小拱棚；外界温度超过 18℃时，应揭开棚两侧膜加大通风。

（2）湿度　大棚内空气相对湿度较高，在植株封行后，由于蒸腾量大、灌水量增加使棚内空气湿度增高。通常白天相对湿度会在 60%～70%，夜间会达到 80%～90%。为降低棚内空气湿度，减少病害，可于晴暖白天适当晚关棚，加大空气流通。生长中后期，空气相对湿度保持在 60%～70%为宜。

6. 整枝

当伸蔓后，主蔓长 30～50 厘米，侧蔓长到 20 厘米左右时，从中选留一健壮侧蔓，或留一主二侧，其余全部去掉，以后主侧蔓上长出的侧蔓及时摘除。在坐瓜节位上边再留 10～15 片叶即可打顶。整枝工作要在瓜坐住以前进行，在去侧蔓的同时，要摘除卷须。

7. 人工授粉

大棚西瓜应在上午 8～9 时进行授粉。阴天雄花散粉晚，授粉可适当延后。

8. 留瓜

一般授粉后 3～5 天，瓜胎明显长大，要优先在主蔓上留瓜，如主蔓实在没瓜可留，可在侧蔓上留瓜。

9. 追肥浇水

前期浇水不宜过多。缓苗后，地不干不浇水，以提高地温，促进瓜秧健壮生长。伸蔓期要控制水分供给，以防止瓜蔓徒长。在开花坐瓜期一般不浇水，防止徒长，促进坐瓜。在幼瓜长至鸡蛋大小后，需水量增加，可每 3～4 天浇一次水，结合灌水，每亩施磷酸二铵 20 千克，硫酸钾 5 千克，促进幼瓜膨大。

10. 病虫害防治

春大棚栽培西瓜时易发生枯萎病、炭疽病和蚜虫危害，生产中应注意加强防治，以减轻危害，提高产量。

枯萎病多在苗期发生，病害发生后幼茎基部变褐色、收缩，子叶、幼叶萎蔫下垂，植株突然倒伏。开花结果后发病，植株白天萎蔫，早、晚恢复，数日后全株枯死，病茎基部缢缩、纵裂，根部褐色腐烂，维管束褐色。

防治上应注意不要在种植过瓜类作物的地块上复种西瓜；注意选择抗病品种栽培；在培育嫁接苗的基础上，在发病初期用20%万兴乳油2000倍液灌根（每穴250毫升），2500倍液叶面喷雾。发病严重时，用40%福星乳油4000倍液加50%多菌灵粉剂300倍液灌根，每株灌300毫升，隔7天再灌一次。

炭疽病幼苗发病时，子叶出现圆形褐色病斑，生有黑色点或淡红色黏稠物，发展到幼苗基部变成黑褐色，病斑缢缩，猝倒而死。成株发病，叶片出现水浸状纺锤形或圆形斑点，很快干枯呈黑色病斑，扩大后常互相会合，引起叶片早枯。茎上病斑梭形、椭圆形凹陷，褐色至黑褐色。果实发病，出现暗绿色水浸状小斑点，病斑扩大后为圆形或椭圆形凹陷，暗褐色至黑褐色，凹陷处龟裂。

防治上，除注意选择抗病品种，种前细致进行种子消毒，实行与非瓜类作物轮作外，可在发病初期用70%甲基硫菌灵800倍液加75%百菌清800倍液或80%炭疽福美800倍液喷雾防治。

蚜虫发生后可喷10%吡虫啉2000倍液防治。

十、西葫芦春大棚栽培技术

西葫芦耐寒性强，产量高，是春季大棚生产的主要蔬菜之一，春大棚西葫芦栽培（图4-12）关键技术如下。

图4-12　大棚西葫芦栽培

1. 品种选择

春大棚栽培西葫芦宜选择耐寒性强、植株生长势旺、株型紧凑、节间短、雌花多、瓜码密、瓜条生长迅速、早熟丰产、品质好、抗病毒和耐高温的品种种植，目前生产中应用的品种主要有早青一代、阿兰番瓜、冬玉、黑美丽西葫芦、绿宝石、中葫1号等。

2. 育苗移栽

大棚栽培西葫芦可采用温室育苗、大棚地膜移栽的方法，以促进早熟，提高生产效益。大棚西葫芦育苗要点：大棚栽培的西葫芦于2月上旬在温室内育苗，将浸过种的种子放在25～30℃的环境下催芽24小时，然后直接播种于营养钵内，每钵一粒。苗期注意控水，防止夜间温度过高造成幼苗徒长，当苗龄达30～35天，幼苗有三叶一心时开始定植。

3. 选地搭棚

西葫芦对土壤适应性强，在各种土壤上均能生长，但在土层深厚、土质肥沃、pH值在5.5～6.8的微酸性壤土或沙壤土上种植时易获得高产。搭建大棚时应注意选择三至五年内没有种植过瓜类作物、土层深厚、土质肥沃的田块，以有效抑制病害的发生，促进西葫芦正常生长结瓜，以利提高产量。陇东一般在3月上旬土壤解冻后及时搭棚，扣膜升温。

4. 整地施肥

疏松的土壤有利于根系下扎，形成强大的根系，提高吸收能力，促进植株旺盛生长，因而在扣棚后要及时进行土壤耕翻，创造疏松的土壤条件。西葫芦耐肥力强，需肥较多，要结合整地，一次性施足肥料，一般需要亩施优质农家肥5000～7000千克，油渣300千克左右，磷酸二铵50千克左右，过磷酸钙50千克左右，将肥料均匀撒施地表，然后用旋耕机耕旋，使肥料与土壤充分混合。

地耕旋后及时按大垄沟上宽80厘米、深20厘米，小垄沟上宽60厘米、深12厘米的标准南北方向起垄，保持大小垄沟间的埂高度一致，拍光，以便铺膜和灌水。

5. 定植

3月上中旬，选择苗龄在30天（自根苗）或40天（嫁接苗），有3～4片真叶，苗高10厘米以上，茎粗0.4～0.5厘米，生长健壮，子叶完好，节间短，叶厚，叶色浓绿，叶柄短，根系发达、色白，无病虫害的壮苗栽植，由于西葫芦的根系和株幅大，好光性强，大棚栽培时，若栽植密度过大，往往由于通风透光不良，容易徒长，不利于产量的形成，因而要注意适度密植，一般每亩定植1500～2000株为宜。定植时按50～60厘米的株距在垄上挖穴，放入苗子使土坨略低于垄埂，四周壅土少许，浇足定植水，待水渗完后，再壅土封口。

定植后选择晴天下午苗子微蔫时铺盖地膜，先在小垄沟上用细树枝插成稍稍隆起的小拱架，支撑地膜，便于膜下灌水，再将宽幅1.4米的地膜剪成略长于垄的长段，平放垄上纵向、横向拉展，前后左右放端，对准膜下苗子，用刀片顺垄纵向切口，聚拢叶片掏出苗子，最后压膜封口。

6. 定植后管理

（1）环境调控　定植当日应早盖苫帘，提高夜温，至缓苗前，棚温白天保持25～30℃，夜间15～18℃，地温15℃以上为好。缓苗期一般不通风，晴天中午气温超过30℃时，可放下部分苫帘遮光降温。定植5天后，于中午前后进行通风散湿，以后由小到大逐渐加强通风；缓苗后白天温度控制在20℃左右，最高不要超过25℃；夜间温度前半夜控制在13～15℃，后半夜控制在10～11℃，最低在8℃以上，以促进根系发育，控制地上部徒长。进入结瓜期后，为促进果实发育，白天温度提高到25～28℃，夜间温度控制在15～18℃。当外界气温稳定在12℃以上时，应昼夜通风，以加大昼夜温差，减少呼吸消耗，增加营养积累。

（2）肥水管理　西葫芦定植初期，需水量不多，在浇足定植水的基础上，缓苗期一般不浇水，以促进根系向土壤深层下扎，形成强大的根系。当根瓜长至10厘米左右时，需肥需水量骤增，应浇一次水，并随水追施硫酸钾15千克左右。进入盛果期后，叶片蒸发量加大，植株和瓜条生长迅速，应每5～7天浇一次水，隔一水追一次肥，每次每亩施入尿素10千克左右、硫酸钾10千克左右或腐熟饼肥50千克，每次采收前2～3天浇水，采收后3～4天控水，以利控制秧苗旺长，促进坐果。

（3）植株调整　西葫芦节间极短，随着叶片数的增多，植株易匍匐地面生长，影响通风透光，因此在植株长到8～10片叶时可开始吊蔓，同时注意摘除侧枝、卷须，促使养分集中到正在生长的瓜条上，以利产量提高。

（4）保花保果　西葫芦为异花授粉作物，单性结实能力差。大棚栽培时，授粉条件差，不仅缺少授粉昆虫，而且由于光照和温度等原因，雄花有时也很少，坐果不良是生产中突出的问题，生产中应加强人工辅助授粉或激素处理，以提高产量和效益。辅助授粉时，可在雌花开放当天上午8～9时进行，摘取开放的雄花，去掉花瓣，将雄蕊花粉轻轻地涂抹在开放的雌花柱头上，1 朵雄花可授粉 3～4 朵雌花，为了提高授粉效果，也可用防落素蘸花，通常用 20～30 毫克/千克的防落素或 25 毫克/千克 2,4-D 蘸花或涂抹花柱基部，即可保证能够很好地坐果，为防止重复或遗漏，可在激素中加颜色作标记。

（5）病虫害防治　西葫芦早春大棚生产中易发生灰霉病、白粉病、病毒病和蚜虫等病虫危害，生产中要加强防治，以减轻危害，促进产量提高。

灰霉病在发病初期可用 20%嘧菌胺可湿性粉剂 600 倍液喷雾防治。

白粉病主要危害叶片，也侵染叶柄、蔓及果实。叶片发病初期，叶面产生近圆形白色小霉点（即病原菌菌丝和分生孢子），后扩大成霉斑。条件适宜时霉斑迅速扩大，彼此连成片，白粉状物会布满整个叶片，叶片变脆。后期病斑上霉状物变成灰白色，甚至长出黑色小点，即病原菌的闭囊壳。发病重的，叶片出现不规则黄褐斑，病斑连片致整个叶片变褐干枯，但不脱落。叶柄、蔓和果实染病，也产生白色粉斑，发展后病部布满白粉。

白粉病病原菌为二孢白粉菌和单丝壳白粉菌。在寒冷地区，这两种真菌以菌丝体或闭囊壳在宿主或病残体上越冬，第二年以子囊孢子进行初侵染，后病部产生分生孢子进行再侵染，致病害蔓延扩展。在温暖地区，病原菌不产生闭囊壳，以分生孢子进行初侵染和再侵染，完成其周年循环，无明显越冬期。通常温暖闷湿的天气，施用氮肥过多或肥料不足，植株生长过旺或不良时发病重。病原菌产生分生孢子的适温为 15～30℃，相对湿度 80%以上。分生孢子发芽和侵入适宜相对湿度为 90%～95%，无水或低湿虽可侵入，但发芽率明显降低。白粉病在 10～25℃均可发生，能否流行，取决于湿度和宿主的长势。因此，田间湿度大，白粉病流行速度快，较高的湿度有利于孢子萌发和侵入。高温干燥有利于分生孢子繁殖和病情扩展，尤其当高温干旱与高湿条件交替出现，又有大量菌源及感病的宿主时，此病即流行。北方该病多在春末夏初进入雨季或秋初较干燥时发生或流行，棚室内湿度大、空气不流通时发生早而重。

防治上要采取综合措施，以提高防治效果。首先种植时要选择抗病和耐病的品种；选择在三年内没有种植过同类蔬菜的棚室内生产；栽植前要精细整地，施足肥料，采用高畦栽培；棚室使用前密闭棚体，每亩用 2～3 千克硫黄粉掺锯末 5～6 千克点燃熏蒸或每亩用 45%百菌清烟剂 1 千克熏蒸，进行消毒；合理密植，保持田间通风透光；严格控制棚内温湿度，阴天根据实情，适当通风排湿；发现病叶，及时摘除，在发病初期，使用 95%矿物油 300 倍液，7～10 天喷一次，或用 4%四氟醚唑水乳剂 13 克加水 15 千克、30%氟菌唑 10 克加水 15 千克、250

克/升吡唑醚菌酯 8 毫升加水 15 千克，均匀喷雾，4 天后再喷一次，连续喷 2～3 次，亩用水量最少 60 千克，可很好地控制白粉病的发生。

(6) 采收　西葫芦以嫩瓜为产品，宜早采，雌花开放后 10～15 天，瓜条重达 250～300 克时即可开始采收。采收最好在早晨进行，此时温度低，空气湿度大，果实中含水量高，容易保持鲜嫩。

十一、苦瓜大棚高产栽培技术

1. 品种选择

春季大棚栽培苦瓜应选择耐寒性强、抗旱的品种，生产中应用的品种主要有春雪 1 号、春雪 2 号、春雪 3 号、刺黄苦瓜、大麻子 1 号、大麻子 2 号、长白苦瓜等。

2. 育苗

在元月底至 2 月初开始在温室内用电热线育苗，选择肥沃、疏松、无病虫杂草的园土，加入充分腐熟的农家肥配制营养土，一般园土与农家肥按 7∶3 配制，将园土与农家肥充分拌匀，过筛后备用。

先在苗床底部铺一层黏重土壤，耙平压实，铺设电热线，在电热线上面铺一层 3～5 厘米厚的营养土，浇透水，待播。

苦瓜的种皮既厚且硬，播种前要用 50～55℃温水浸泡，在浸泡过程中要不停地搅拌，待水温降至 30℃时停止搅拌，再继续浸泡 12 小时，取出种子沥干水分，置于 30℃条件下催芽，有 80%以上种子露白时即可播种。一般每亩用种量 800 克左右。

将催芽后的种子均匀撒在苗床上，覆盖 1 厘米厚的营养土，搭上小拱棚，棚内温度白天保持在 25～30℃，夜间控制在 15～18℃，保持苗床见干见湿。在第 1 片真叶展开后，喷 1 次 20 毫克/千克的赤霉素溶液，以增加雌花数量。一般在苗龄 35～40 天，有 5 叶 1 心时进行移栽。

3. 扣棚整地施肥

在 2 月底 3 月初扣棚烤地，提高地温，在土壤解冻后及时耕翻，结合耕翻，亩施充分腐熟农家肥 5000 千克或商品有机肥 500 千克、磷酸二铵 50 千克、硫酸钾 30 千克作底肥，然后按垄间距 50 厘米的标准，起宽 80 厘米、高 20～25 厘米的垄。

4. 栽植

在3月上旬选择晴天下午进行移栽，每垄按行距35厘米、株距40厘米的标准栽2行，亩栽植3000株左右，栽植深度以不埋心叶为宜，定植后浇透水，扣严棚膜，以利缓苗。

5. 栽后管理

（1）肥水管理　苦瓜喜湿，但不耐积水，生长期间要时常保持土壤湿润，在定植后浇一次缓苗水，缓苗后一般不浇水，以土壤不干为原则，在膨瓜期每7～10天浇一次水，空气相对湿度控制在70%～80%。

苦瓜喜肥，但苗期需肥量小，施肥要前轻后重，在施足基肥的前提下，苗期可不再追肥。在开花期可喷0.2%尿素+0.2%硼酸，以提高坐瓜率。在瓜坐住后需肥量增加，要及时追肥，可结合浇水，每亩冲施氮磷钾三元复合肥（15-15-15）20千克，以后采一次瓜、施一次肥、浇一次水，促进产量提高。

（2）温度管理　定植后苦瓜喜温、耐热、不耐寒，幼苗生长适温20～25℃，15℃以下生长缓慢，10℃以下生长不良，开花授粉期适宜温度为25℃，在15～25℃范围内，温度越高越有利于植株生长。因而在定植后大棚内温度白天应保持在20～28℃，当温度超过28℃时要及时放风降温，夜间温度应控制在13～18℃，当棚温低于10℃时应加温，当夜间温度稳定在15℃以上时可昼夜通风。

（3）枝蔓管理　苦瓜喜光，不耐阴，不耐弱光，栽培中应保持良好的通风透光性，要加强植株管理，主蔓长到50厘米时，选择晴天中午前后及时吊蔓，先顺行设置吊蔓的铁丝，再东西向利用棚室支架拉紧吊蔓铁丝，最后每株拴一条尼龙绳供瓜蔓攀援。苦瓜生长前期不留侧蔓，在肥水充足的情况下，为增加后期产量，可留2～3条侧蔓。在苦瓜生长过程中，应及时摘除老叶、病叶，保持田间有良好的通风透光性。

（4）辅助授粉　大棚栽培苦瓜，多授粉不良，影响坐瓜，生产中应加强人工辅助授粉，以提高产量。在花期早晨8～11时摘取新开的雄花，去掉花瓣只留花蕊，将花蕊上的花粉轻轻均匀地涂抹在雌蕊上。

6. 病虫害防治

苦瓜大棚生产中常见的病虫害有炭疽病、疫病、斑点病、白粉虱和蚜虫。生产中可根据实际发生情况对症防治，以减轻危害。

炭疽病是瓜类、豆类等作物的主要病害，主要危害果实、叶片。叶发病初生褪绿水浸状圆斑，后变褐色，中央灰白，轮生小黑点。果实发病初生水浸状黄褐色圆斑，中央褐色，轮生小黑点或橙红点，高湿时溢出红色黏稠物。

炭疽病病菌为半知菌亚门刺盘孢属真菌，以菌丝在种皮下或病残体中在土壤中越冬，借风雨、昆虫、病体接触等传播。高温高湿、田间郁闭、长势衰弱、密度过大、氮肥过多及病毒病发生较重的地块，炭疽病发生较重。温度17℃、相对湿度100％利于发病，温度高于27℃、相对湿度低于92％则很少发病，温度低于13℃病情停止发展。

防治时，要注意做好种子消毒，在播种前，用50％多菌灵药液500倍液浸种1小时；育苗时采用营养钵或穴盘进行护根育苗，防止病菌由根系伤口侵入；定植前深翻土壤，多施优质腐熟农家肥，增施磷钾肥，提高植株抗病力；避免栽植过密，保持田间具有良好的通风透光条件；采用高畦栽培；发现病果及时摘除；发病初期喷80％炭疽福美800倍液或25％炭特灵500倍液、40％炭克800倍液、50％施保功1500倍液、25％使百克1000倍液防治。

疫病发生时可用72％农用链霉素可溶性粉剂4000倍液或25％络氨铜水剂500倍液、77％可杀得可湿性微粒粉剂400倍液喷雾防治；斑点病在发病初期可用70％甲基硫菌灵或45％百菌清烟剂防治；白粉虱发生时可用25％噻嗪酮可湿性粉剂1000～2000倍液或3％啶虫脒乳油3000倍液喷防；蚜虫发生时可用10％吡虫啉可湿性粉剂2000倍液或1.5％苦参碱500倍液喷防。

7. 适时采收

苦瓜以采收嫩果为主，因其种子发育快，应及时采收。开花后12～15天是苦瓜适宜采收期，此时条瘤突起饱满，果皮有光泽，果顶色开始变淡。

过早采收影响产量；过迟采收食用口感差，品质下降。

十二、甘蓝春季中小棚覆盖栽培

甘蓝为耐寒、丰产的大众化蔬菜，在蔬菜的周年供应中起着举足轻重的作用，春季中小棚栽培甘蓝（图4-13）主要以防寒保温、促进早熟为管理内容，要点如下。

1. 品种选择

春季中小棚覆盖栽培甘蓝时，在品种上应选择抗寒性强、生长期短、成熟早的品种，以利提早供应市场。可选择的品种主要有小金黄、报春、中甘11号、秦菜2号、圆春、双金、庆丰等。

2. 育苗

提早育苗是促进春季中小棚甘蓝丰产早熟的主要措施，育苗时间以元月上旬

图 4-13　中小棚栽培甘蓝

至 2 月上旬为宜，育苗可采用温室加电热线育苗法。在播种前 10～15 天将温室棚膜盖上，以提高室内温度。整修苗床时将床底铲平，然后铺一层麦衣（麦粒外壳）作隔热物，按 10～15 厘米的距离排好电热线，然后填入 10 厘米厚的床土或放入营养钵。床土以 6 份田园土＋4 份有机肥配制，每立方米床土加过磷酸钙 2～3 千克、尿素 0.5 千克，打碎过筛、混匀，用 0.5%甲醛药液喷洒，喷药之后用塑料薄膜密封 4～5 天，然后揭膜透气，待药味散尽后播种。

一般每亩大田需要育苗床 5 平方米左右，在播种前要对种子进行消毒处理，以控制病害，消毒时可用 50%代森铵 200 倍液浸种 15～20 分钟或用 50℃左右的温水浸种 20 分钟，然后进行冷却，晾干后播种。

苗期管理要点为前期保温，出苗及缓苗后要及时放风，定植前进行低温炼苗，具体要求在出苗前白天温度控制在 25～30℃，夜间温度控制在 15℃以上，出苗后放风，温度维持在 20～25℃，夜间温度控制在 13℃左右，在有 7 片真叶时可延长通风时间，降低温度，使苗子适应环境要求，以利定植。

3. 定植

中棚在 3 月中旬、小棚在 3 月下旬定植。定植前 10 天扣棚升温，耕翻整地，结合整地每亩施入优质农家肥 2500 千克以上，磷酸二铵 30 千克左右，将肥料均匀撒施，然后浅耕。按 35～40 厘米株行距的标准，每亩定植 4000 株左右，边定植边浇缓苗水，以促进幼苗生长。

4. 生长期管理

(1) 追肥 在生长期可追施2～3次速效性肥料，第一次在缓苗后，每亩追施尿素5千克左右。在心叶开始抱合时，追施1～2次尿素，每次每亩施7.5千克左右。

(2) 浇水 定植水要浇足，以利根系恢复生长，促进缓苗，以后每追一次肥浇水一次，以加速肥料的吸收利用。

(3) 蹲苗 在缓苗后10天开始蹲苗，应适当通风、控水、控温，温度保持在20℃左右。

(4) 通风 在定植后3～5天内应封严棚口，提高温度，以利缓苗。在缓苗后逐渐延长通风时间，增加通风次数，到心叶开始抱合时，开棚口昼夜通风。

(5) 加强软腐病防治 软腐病主要危害十字花科作物，一般始于结球期，在外叶或叶球基部出现水浸状斑，植株外层包叶中午萎蔫，早、晚恢复，数天后外层叶片不再恢复，病部开始腐烂，叶球外露或植株基部逐渐腐烂成泥状，或倒塌溃烂，叶柄或根茎基部的组织呈灰褐色，严重的全株腐烂，病部散发出难闻的臭味。

软腐病是一种细菌性病害，该病病原菌主要在田间病株或土中腐烂的病残体及害虫体内越冬，病原菌在含水量20%～30%的土壤中可存活50～60天，通过雨水、灌溉水、带菌的肥料、昆虫等传播，从菜株的伤口侵入，侵入后细菌分泌果胶酶使菜株细胞分离崩解，发病后又释放出大量细菌进行再侵染。细菌也可从幼苗根部侵入，进入导管后潜伏起来，到条件适宜时才引起发病。该病从春到秋在田间辗转为害，其发生与如下因素有关：病原菌宿主作物连作或邻作，田间遗留的病残体多；土壤黏重、偏碱，田间湿度大；种植密度大，株行间郁闭，通风透光不良等。田间管理粗放、种子带菌、肥料未充分腐熟也有利于病原菌的传染和发病。

防治时应注意选用抗病品种，采用包衣种子，育苗移栽或播种后用药土覆盖，移栽前喷施一次杀虫杀菌剂，可很好地控制病害的发生；施用的农家肥要充分腐熟，适当增施磷钾肥，加强田间管理，培育壮苗，增强植株抗病力；尽可能地不与宿主作物轮作或邻作；细致清园，彻底清除病残体；翻晒土壤，起高畦，整平畦面；勤浇水，控制浇水量；合理密植，保持田间有良好的通风透光性。适期用药控制危害，播种前用硫酸锌溶液浸种20分钟后冲洗3分钟，晾干后播种；播种过程中，用50%琥胶肥酸铜可湿性粉剂按种子量的0.4%拌种；发病初期用

72%农用链霉素可溶性粉剂 3000～4000 倍液或新植霉素 4000 倍液、30%氧氯化铜悬浮剂 300～400 倍液、14%络氨铜水剂 350 倍液，隔 7～10 天喷施一次，连续喷 2～3 次。

十三、荷兰豆大棚促成栽培技术

1. 种植季节

荷兰豆喜冷凉温湿气候，半耐寒，幼苗可耐－5℃的低温，生长期适温为 12～20℃，不耐高温干旱，温度超过 26℃时，授粉率低，结实少，产量低。荷兰豆大棚促成栽培（图 4-14）一般早春 2 月下旬至 3 月初播种，初夏收获。

图 4-14　荷兰豆大棚促成栽培

2. 品种选择

生产中应选择株型较矮、粗壮，豆角大，纤维少，豆角质脆鲜嫩，品质好，产量高的品种种植。生产中广泛应用的品种有美国白花荷兰豆、台中 11 号、莲阳双花等。

3. 扣棚烤地升温

在 2 月中旬扣棚，白天揭去苫盖物，利用阳光提高棚内温度，以便播种。

4. 整地施肥

荷兰豆对土壤要求不严，但在中性、微碱性疏松肥沃土壤上生长良好。荷兰豆发育早，生长迅速，播种前要精细整地，施足基肥，一般播前土壤应深耕

20～25 厘米，结合深耕，亩施入农家肥不能少于 3000 千克，并配施磷酸二铵 20 千克左右、硫酸钾 15 千克左右，将肥料均匀撒施地表，然后耕翻，做宽 80 厘米左右、高 10 厘米左右、间距 40 厘米左右的垄，进行垄栽。垄做好后用黑色地膜覆盖，保墒抑草。

5. 播种

选择粒大、整齐、健壮、无病虫危害的种子播种，每亩用种 4～5 千克，每垄种两行，按 8～10 厘米间距进行点播，每亩留苗 1.2 万株左右，播深 3～4 厘米。

6. 田间管理

出苗后，子叶展开、真叶长出时进行放苗，将弯曲在膜下的苗掏出膜外，用细土封口。出苗后棚内温度宜控制在 12～16℃，防止秧苗徒长。在苗高 20～30 厘米时进行吊蔓，在开花前浇一次水，结角期浇 1～2 次水，结合浇水，亩施水溶性有机肥 200 千克左右，促进产量提高。

7. 采收

一般在花谢后 8～10 天，豆角充分肥大、柔嫩而粒未发达时进行采收，通常可持续采收 20 多天。

十四、白荚芸豆早春大棚促成栽培技术

1. 选种

早春大棚白荚芸豆栽培时应选用早熟、高产，抗病性、抗逆性强，商品性状好的优良品种，如新实丰一号、特选九粒白、花粒九粒白等。

2. 育苗

白荚芸豆大棚促成栽培时，可于 2 月上旬进行育苗。一般采用营养钵育苗法，育苗时应注意做到：

（1）种子处理　播种时注意选择饱满、具有该品种特性、有光泽的种子，剔除已发芽、有病斑或虫伤、霉烂和混杂的种子。将选好的种子在晴天中午高温期曝晒 2 小时左右，以杀死种子表面的病原菌，降低发病率。在棚内选择通风透光良好的地方铺一层薄膜，膜上撒一层 5～6 厘米厚的土，用水淋湿，均匀撒播经曝晒消毒的种子，播完覆土 1～2 厘米，覆膜保温、保湿，以利发芽。

（2）土壤处理　选择 3 年内没有种过豆科作物的大棚作育苗用，取田园土 6 份与 4 份充分腐熟的农家肥混合均匀作育苗用营养土，每立方米营养土中加入三

元复合肥 1～1.5 千克，以增加营养土养分含量，培育壮苗。将肥土充分混匀后装入直径大于 10 厘米的营养钵内。

（3）播种　播前浇透底水，待水全部渗下后，拣已发芽的种子进行播种，每钵 2 粒。播种完成后覆土 1～1.5 厘米。

（4）苗期管理　播种后至出苗前一般不放风，夜间需加盖苫盖物保温，苫盖物要早揭晚盖，争取棚内温度白天保持在 25℃左右，6～7 天后当有 80%的种子出土后开始放风，适当降低温度，以防止幼苗徒长。棚温一般白天保持在 18～20℃，夜间控制在 10～12℃，待幼苗长至 2 片真叶时，进行炼苗。

3. 移栽

移栽前 10～15 天，清除前茬作物根茬，密闭大棚，每亩用速克灵烟剂 0.5 千克点燃熏棚，再高温闷棚 7～8 天，以杀死棚内病菌和害虫。闷棚后对土壤进行耕翻整地，结合耕翻，每亩施用腐熟厩肥 4000～5000 千克或商品有机肥 400～500 千克、磷酸二铵 25～30 千克、硫酸钾 10～15 千克，将肥料均匀撒施地表，然后耕翻 25～30 厘米，整平做宽 120～130 厘米的平畦，按大行距 70～80 厘米、小行距 50 厘米的标准开沟浇水，待水渗下后，在沟内按株距 28～30 厘米摆苗，覆土厚度以盖住苗坨为宜。

4. 栽后管理

（1）缓苗期管理　定植后 1 周内，一般不进行通风，大棚内温度白天保持在 20～25℃，夜间保持在 10～15℃，以促进缓苗。缓苗后适当降低温度，使大棚温度白天保持在 18～20℃，夜间保持在 10～12℃。

（2）甩蔓期管理　注意勤划锄地保墒，提高地温，促进根系发育和深扎。及时吊蔓，防止相互缠绕，控制肥水，防止跑秧。

（3）开花结荚期管理　此期是茎蔓生长与开花结荚同时进行期，需肥需水量大增。为保证植株良好生长，当嫩荚长到 8～9 厘米大小时，及时结合浇水进行追肥，每亩施三元复合肥 10～15 千克，以后每采收一次就随水追一次肥，每次每亩施磷酸二铵 10～20 千克，硫酸钾 5～10 千克。

（4）化控　在苗高 30 厘米左右时，用 100 毫克/千克的助壮素加 0.2%磷酸二氢钾溶液喷雾 1 次；在苗高 50 厘米左右时，用 200 毫克/千克的助壮素加 0.2%尿素液喷雾 1 次；在苗高 70 厘米左右时，用 200 毫克/千克的助壮素加 0.2%磷酸二氢钾液喷雾，连续喷 2～3 次，每次间隔约 7～10 天。

（5）人工辅助授粉　当芸豆 70%以上开花后，于下午 4 时左右开始用授粉坐果灵 1000～1500 倍液加硼酸 1000 倍液混合喷雾，5～7 天喷 1 次，连喷 2～3 次，以提高坐果率。

5. 病害防治

大棚栽培白荚芸豆易发生病毒病、根腐病和灰霉病等，影响植株生长，不利于产量提高，生产中要加强防治。

（1）病毒病防治　在白荚芸豆 2～3 叶期，用 3%毒氟磷可湿性粉剂 1000 倍液加小叶黄化专用植物复合营养液喷雾，7～10 天喷 1 次，连喷 2～3 次。发病后，用毒氟磷 600 倍液或 3.5%碧护 4000 倍液与芸薹素 800 倍液混合喷雾防治。

（2）根腐病防治　移栽时，每亩用重茬菌克 2 袋加生根剂 500 倍液点穴，以预防根腐病的发生。开始发病时，可用 12.5%治萎灵（多菌灵·水杨酸）水剂 200～300 倍液、35%立枯净可湿性粉剂 900 倍液或 60%防霉宝（多菌灵盐酸盐）可湿性粉剂 500～600 倍液或 40%菌枯灵可湿性粉剂 500～600 倍液、40%根腐灵可湿性粉剂 500～600 倍液灌根，每穴灌 250 毫升，隔 10 天再灌 1 次。

（3）灰霉病防治　在白荚芸豆开花期，于上午 9 时后，人工抖动秧蔓，震落残留花瓣，减少感病概率。在发病初期，可选用 50%速克灵可湿性粉剂 800～1000 倍液或达克宁可湿性粉剂 600 倍液进行交替喷雾防治，一般每 7～10 天喷一次，连阴雨天可采用相应烟剂熏治。

6. 适时采摘

当荚出现由青变白或者荚仁半饱满时，即可采收。

十五、萝卜早春大棚促成栽培技术

1. 品种选择

早春大棚促成栽培萝卜（图 4-15）应选择冬性强、不易抽薹、不易糠心、较耐高温、早熟高产的品种，像招福、青丽、秦美人等。

2. 茬口选择

萝卜为十字花科作物，与其他十字花科作物有共同的病虫害，在种植过十字花科作物的大棚中种植时，病虫害控制难度大，生产成本高，因而生产中要避免在种植过十字花科作物的大棚中种植，可选择在种植过豆类、瓜类、茄果类、葱蒜类作物的大棚中种植，以利高产。

图 4-15　大棚促成栽培萝卜

3. 扣棚烤地

2月底、3月初及时覆盖棚膜，进行烤地，升高地温，促进土壤充分解冻，为播种争取时间。

4. 整地施肥

在土壤解冻后，对土壤进行深翻，结合深翻，亩施入充分腐熟农家肥5000千克以上，磷酸二铵25千克左右，将肥料均匀撒施地表，然后耕翻，耕深25厘米左右，地整平后按间距30厘米的标准，起宽40～50厘米、高12厘米左右的垄，在垄上覆盖黑色地膜。

5. 播种

萝卜促成栽培时，以点播为主，每亩用种量250～300克，种前将种子曝晒2～3天，再置于5倍种子量的温水（55℃）中，不停搅拌，保持10～15分钟，然后加冷水，将水温降到25～28℃浸泡2～3小时，捞出沥干，用湿毛巾包裹，置于25～28℃条件下进行催芽，24小时后，有70%的种子露白时即可播种。

每垄播2行，播种时按行距25厘米、株距18～20厘米的标准，在垄上挖深1.5厘米左右的穴，每穴播种2～3粒种子，播种后覆土与垄平。播后要及时关闭风口，提高棚温和地温，以利出苗。

6. 种后管理

播种后应注意保温，将棚温控制在20～25℃，出苗后棚温控制在25～28℃。出苗后注意及时放苗，以防烧苗，在有2～3片真叶时间苗，有3～4片真叶时定苗，每穴择优留 1 株。定苗后视土壤墒情浇一次水，并随水每亩冲施尿素 12 千克左右，之后控水，抑制茎叶旺长，促进肉质根膨大。进入莲座期，外界气温升高，要加强通风，将棚温控制在 17～23℃，随水每亩追施磷酸二铵 15 千克左右，以利肉质根膨大。在萝卜生长后期应注意降温、增湿，防止高温干旱引发抽薹、糠心，影响品质。

7. 病虫害防治

萝卜生产中易发生软腐病、霜霉病、钻心虫等病虫害，影响产量和效益的提升，生产中要加强防治。软腐病可在莲座期用 2%春雷霉素 400～500 倍液或 72%农用链霉素可溶性粉剂 3000～4000 倍液喷雾预防，发病初期，用 77%氢氧化铜悬浮剂 1000 倍液或 20%噻菌酮水剂 1000 倍液喷防。霜霉病可选用 25%甲霜灵可湿性粉剂 600～800 倍液或 40%乙磷铝可湿性粉剂 400 倍液喷防。钻心虫可选用 5%除虫菊素乳油 2000～2500 倍液喷防。

8. 采收

在萝卜肉质根充分肥大时采收，一般在采前 4～5 天浇一次透水，以提高采收质量。

第二节　大棚主要瓜果蔬菜秋延后栽培技术

一、秋延后大棚蔬菜生产时的环境特点及管理原则、要点

1. 环境特点

秋延后大棚蔬菜生产所处的环境与春促成早熟栽培条件正好相反，幼苗期正处在高温季节，以后温度逐渐下降，直至一年中最低温，春节过后气温再缓慢回升，光照也由长日照逐渐向短日照过渡，冬至后日照又开始逐渐增长，苗期易受高温、干旱、暴雨及病虫危害。

2. 管理的总原则

前期应以降温管理为重点，利用遮阳网遮阳，培育壮苗，足肥高垄栽植，到 9 月份温度下降时覆盖棚膜，进行保护栽培，覆膜初期强化通风管理，要严防高温危害，以后随着外界温度的降低，逐渐减少通风，10 月份后白天通风，夜间封闭棚膜，膜上盖苫帘保温，也可在棚内搭建二膜或三膜，保证植株后期的生长发育。

3. 秋延后大棚瓜菜管理要点

秋季瓜菜生育期易受暴雨、干旱及病虫害等不良环境影响，常造成减产或绝收。生产中应加强管理，促进高产高效生产。

（1）品种选择　秋季气候环境条件与春季刚好相反，生长前期为高温期，易发生病毒病，因此在种植品种选择上必须选择抗病性强的中晚熟品种。

（2）适期播种　生产中必须严格掌握播种时期，播种过早，气温过高，幼苗生长期处于高温季节，极易引发各种病害；播种过晚，又因缩短生长期而影响产量。生产中应注意避开病毒病发生高峰期。

（3）培育壮苗　为了培育壮苗，缩短定植后的缓苗时间，一般多采用穴盘育苗，由于高温期水分蒸发快，育苗时要用较大的穴盘，基质配比要合理，蓄水能力要强。尽可能采用遮阳网遮阳，以减轻阳光暴晒，降低气温和地温。苗期要加强蚜虫的防治，在苗床上安装防虫网，采用网室育苗，当田间有蚜虫和病毒病发生时，可喷一次吡虫啉＋病毒 A 进行控制，减轻危害。前期正值高温多雨季节，幼苗极易徒长，苗期要注意控制水分的供给，保持苗床见干见湿，如遇连续阴雨天气，可在苗床上搭防雨棚控制水量。当幼苗长到 4～5 片真叶时，要逐渐减少遮阳物和控制水分，使其接受锻炼，以利栽后缓苗。

（4）定植　定植前应精细整地，施足基肥，定植应在晴天傍晚或阴天进行，栽植后放水灌畦，以利降温缓苗，最好灌畦后用黑色地膜覆盖，以后进行膜下暗灌。

（5）定植后管理

① 调控肥水　定植后不宜过分蹲苗和中耕，如果苗期干旱或伤根，会加重病毒病的发生和危害，因而定植初期不能过分控制植株的生长，但又不能使植株过于茂盛，定植后应根据降雨情况适当浇水，尽量形成一个气温比较凉爽、土壤适度湿润的环境。在进入结果期后加强肥水供给，以促进产量形成，提高产量。

② 保花保果　秋季棚室瓜菜生长结果期正值高温阶段，植株生长旺盛，影响坐果，可用坐瓜灵或番茄灵处理以提高坐果率，所用浓度要比春季小。

③ 扣棚及扣棚后的管理　棚室瓜菜定植后，应先用防虫网覆盖，既可防虫传毒，又可起到防晒、防暴雨冲刷的作用。到 9 月份，温度下降时覆盖塑料薄膜，棚膜最好选用新膜。扣棚初期，棚内温度较高，可加大上、下通风口，随着外界气温下降，逐渐缩小通风口，尤其是下部的通风口。至 10 月中旬除白天进行通风外，夜间应封闭棚膜，并视气温情况，在棚膜上加盖苫盖物保温。

④ 植株管理 为了保证田间有良好的通透性，生产中应根据种植品种进行整枝打杈，蔓性瓜菜，要进行吊蔓栽培。随着果实采收，及时调整植株高度，通过落蔓栽培，将植株高度控制在 1.8～2 米之间，结合落蔓，适时打掉老叶，减少养分消耗，促进果实生长。

(6) 病虫害防治 秋季棚室瓜菜生长发育的环境温度由高到低，前期易发生病毒病和蚜虫危害，后期易发生白粉虱和疫病、霉病危害，应及早采取相应措施进行防治。温度高时可用可湿性粉剂喷雾防治，阴雨天或温度低时采用烟剂或粉尘剂进行防治，在采前喷药要注意农药安全间隔期，提高瓜菜的食用安全性。

二、辣椒大棚秋延后栽培技术

1. 茬口安排

辣椒秋延后栽培一般于 7 月上旬播种育苗，8 月上旬扣棚定植，产品上市期可从 9 月中旬延至春节前后。

2. 品种选择

秋延后栽培的辣椒要求品种中熟或中早熟，耐高温高湿、高抗病毒病、抗寒性强，株型紧凑、结实率高、坐果集中、果实发育快、商品性好。目前生产中应用的主要品种有湘研十三号、苏椒五号等。

3. 培育壮苗

秋延后辣椒育苗正处于一年中最高温期，育苗管理的重点是温度的控制，可采用覆盖 6 针遮阳网进行穴盘育苗，营养土可用草炭和珍珠岩按体积比 3∶2 混合，1 立方米混合料中加入 200 克 50%多菌灵充分拌匀，装入 50 孔或 72 孔穴盘中，装盘后压实待播。

选择颗粒饱满、发育完全、大小均匀一致的种子，用“两开一凉”温水烫种消毒，将种子倒入 55℃水中立即搅拌 10～15 分钟，待水温降到 30℃后，再浸泡 8～10 小时，之后用 1%高锰酸钾药剂处理 10 分钟。搓去种皮上的黏液，用湿纱布包裹后放在 28～30℃的条件下催芽，一般 24 小时后 70%出芽即可播种，每个穴孔点 1 粒种子，播种后覆蛭石 1 厘米左右。播种后对苗床用 60 目防虫网和 60%遮阳网覆盖。

出苗前每天适量补水保墒，出苗后根据墒情补水，幼苗 2～3 片真叶时逐渐缩短遮阳网覆盖时间，进行炼苗，以提高植株对高温干旱的适应能力。

苗期有猝倒病、立枯病发生时，可用 600 倍液的 72.2%普力克或 64%杀毒矾 500 倍液喷防，每 7～10 天喷一次，连喷两次即可很好地控制危害。

4. 定植

（1）整地施肥　定植前先进行清园，清理前茬作物的根茬、枯枝、落叶等，然后对土壤进行深旋，结合旋地，亩施入充分腐熟的优质农家肥 5000～6000 千克，磷酸二铵 30 千克左右，将肥料均匀撒施地表，然后调整耕旋深度至 25～30 厘米，进行旋耕，旋后起宽 80 厘米、高 20 厘米的垄，垄沟宽 20 厘米，垄中央开沟，铺设滴灌管后铺上黑色地膜。

（2）栽植　8 月选择阴天或晴天傍晚进行栽植，一般每垄栽 1 行，株距 40～50 厘米，每穴双株栽植，栽时按株距在需栽苗的地方用铲挖深 10 厘米左右的栽植穴，将两株苗龄 30 天左右、苗高 25 厘米左右、有 8～12 片真叶、现大花蕾的壮苗放入栽植穴中，覆土，栽深以育苗坨与垄面相平为宜。栽后及时浇定植水，以沉实土壤，利于根土密接。栽后在棚上覆盖遮阳网，以降低温度。

5. 栽后管理

（1）环境管理　大棚秋延后辣椒栽植后温度较高，管理应以降温为主，可进行遮阳栽培，并把大棚两端及腰部棚膜卷起，加大通风，控制棚内温度在 30℃以下，当最高气温降到 28℃时，可撤去遮阳网，当夜间温度降到 15℃时，放下棚膜保温。以后随着温度降低，增加覆盖物，当棚内最低气温降到 10℃时开始覆盖第 2 层棚膜。当外界气温降到 5℃，夜间开始覆盖保温被保温。整个生育期棚内湿度控制在 50%～70%。生长后期夜间要设法进行补光，以促进产量提高。

（2）肥水管理　在辣椒定植后浇足缓苗水，然后控水，防止幼苗徒长，缓苗后温度高，可用滴灌管进行补水，结合供水可亩施尿素 5～7.5 千克，将肥料放入供水池中溶解后，与水一起滴灌到植株根部。坐果后，辣椒需肥量增加，要增加肥水的供给，一般初果期和盛果期各追肥一次，每次亩施氮磷钾（18-18-18）三元复合肥 10～15 千克，保证辣椒植株健壮生长，促进产量提高。

（3）植株管理　辣椒易生侧枝，一般侧枝也可开花结果，但结果期较晚，果实一般不易成熟，因而在侧芽长度 3 厘米左右时应及时抹掉，以节省营养，改善田间的通风透光性，促进产量和品质的提高。

在第一茬果采收后，由于下部枝离地面太近，影响通风易染病，应及时打掉这部分老枝，增强下部的通风透光性。

10 月下旬以后，由于气温过低，枝上的花已不能长成商品果，可进行摘心，以减少养分消耗，促使中下部果实发育。摘心时间最晚应在 11 月前，一般每株保留6～8果即可。

（4）花果管理 辣椒生长适宜的温度范围狭窄，生长发育的适宜温度为20～30℃，如气温偏高（超过35℃），即影响授粉、受精，或遇到较长时间阴雨天，使光照不足，温度下降（低于15℃），都会影响授粉及花粉管的伸长，导致落花。辣椒喜空气干燥而土壤湿润的环境，在土壤干旱、水分不足、空气蒸发量大的情况下，也会抑制植株对肥水的需求，引起落花落果。而水分过多，通透性差，使根呼吸和生长发育受阻，甚至沤根，也会引起落花落果。

大棚秋延后辣椒栽培时，开花结果初期温度较高，中后期棚内温度低，很容易出现落花落果的现象。为此，当有30%的植株开花时，就要用20～30毫克/千克的防落素药液进行喷花或涂抹花，每3～5天处理1次。要防止药液飞溅到幼嫩的茎叶上，天气冷凉后就可以不再用药处理了。花期喷用磷酸二氢钾500倍液，也有较好的保花保果作用。

（5）病虫害防治 辣椒大棚秋延后栽培时易发生疫病、炭疽病、病毒病、蚜虫、白粉虱等病虫害，可根据各病虫害的特点对症用药防治，控制危害。

① 疫病防治 定植前用25%甲霜灵进行土壤喷洒；盛花期和盛果期分别根施1次4%疫病灵颗粒剂进行早期预防，每穴用量2克，间隔期30天左右；发病初期用45%百菌清烟雾剂熏蒸；中后期可用25%瑞毒霉800～1000倍液或75%百菌清600倍液、70%代森锰锌500倍液喷雾防治。

② 炭疽病防治 播前用温水浸种（方法同前）预防；发病初期叶面喷洒70%甲基托布津800倍液或75%百菌清600倍液、50%多菌灵500倍液、80%炭疽福美可湿性粉剂800倍液防治，7～10天喷1次，连喷2～3次。

③ 病毒病防治 播前用药剂浸种（方法同前）预防，植株生长期间及时防治蚜虫；发病期用1.5%植病灵Ⅱ号1000倍液或5%菌毒清500倍液、20%病毒A 500倍液、20%病毒灵500倍液、20%病毒克星500倍液等喷雾防治。

④ 蚜虫防治 初发阶段可选用2.5%溴氰菊酯乳剂2000～3000倍液或20%速灭杀丁2000～3000倍液、2.5%除虫菊酯3000～4000倍液等喷雾防治。

⑤ 白粉虱防治 育苗、定植前彻底熏杀温室内残余虫口；发生初期黄色板涂上机油，悬挂于温室内植株上方诱杀成虫；虫口密度较低时，选用2.5%天王星乳剂1500～2500倍液、25%扑虱灵可湿性粉剂1500～2500倍液或以上防蚜药剂及时喷雾防治。

三、西红柿大棚秋延后栽培技术

西红柿秋季大棚栽培，一般7月上旬播种，8月上旬定植，10月份供应市场，管理好的情况下可延迟供应至元旦，其栽培技术要点如下。

1. 品种选择

秋季大棚生产西红柿，苗期正处于7～8月高温季节，病害发生较重，因此栽培品种要选择抗病性强、耐热、丰产性好的品种，陇东生产中应用的品种主要有毛粉802、佳粉2号、金棚8号、中杂8号、中杂9号、中蔬5号等。

2. 育苗

选择三年内没有种植过茄果类蔬菜的田园土与充分腐熟的农家肥按2∶1的比例混合作营养土，每立方米床土再混入磷酸二铵1千克，硫酸钾0.5千克，充分混匀，用0.5%福尔马林喷洒床土，然后用塑料薄膜闷盖3天后揭膜，气味散尽后进行播种。

育苗最好采用直径8～10厘米的营养钵，每亩大棚需营养钵3000个左右，需种子30克左右，在营养钵中装入配制好的营养土，然后整齐地放入苗床中，浇透水，待水渗后撒一层营养土，即可开始点播。

播种前种子先用25～30℃的温水浸泡25～30分钟，然后放入10%磷酸三钠溶液中常温下浸种20分钟，捞出后洗净晾干播种，播种时每钵点子2～3粒，然后覆土0.5厘米左右。播后苗床用地膜覆盖保湿，出苗后及时撤去地膜覆盖物。

苗期高温期要注意用遮阳网遮阳降温，保持苗床温度白天在25～30℃，夜间在18～20℃，出苗后要及时间苗，在子叶展开和第一片真叶展开时，分别进行一次，选留壮苗，拔除弱苗。苗期要注意控制浇水次数和浇水量，不进行追肥，如发现幼苗有徒长趋势，应及时喷0.05%～0.1%矮壮素。

苗期易发生立枯病、猝倒病、蝼蛄、金针虫、蚜虫等病虫害，生产中应加强防治，立枯病、猝倒病应在发病初期用农抗120水剂500倍液或抗枯宁500～600倍液进行防治。地下害虫可用炒香的麦麸拌敌百虫诱杀，蚜虫用吡虫啉1000倍液喷雾防治。

3. 定植

定植前土壤要深翻，结合深翻，每亩施入充分腐熟的农家肥3000～5000千克，磷酸二铵15千克左右，硫酸钾15千克左右，将肥料均匀撒施地表，然后旋耕，起宽80厘米、高25厘米左右的垄，垄间距30厘米左右，每垄按株距33厘米、小行距50厘米、大行距80厘米的标准栽植2行，亩留苗2500～3000株，垄中间留好浇水沟，再用70厘米宽地膜覆盖。

4. 定植后管理

（1）降温整枝　定植前期由于温度高，易发生植株徒长现象，可采用遮阳网降温，待温度较低时适时撤去遮阳物。实行单干整枝，留3层果摘心，并去除下部侧枝。

（2）肥水管理　定植后注意小水浇灌，采用膜下浇水的方法，生长前期少量多次进行浇水，以满足植株生长需要，以防止植株徒长。第一层果坐住并开始膨大时，结合浇水，亩施尿素15千克或复合肥5～10千克。以后每摘掉一层果追一次肥，每次用尿素10～15千克，在中后期结合喷药，用0.3%磷酸二氢钾进行叶面喷肥。

（3）花果管理　秋季大棚西红柿栽植后在生长前期，由于温度高，易发生落花落果现象，生产中要注意保花保果，可用15～20毫克/升的2,4-D蘸花或20～25毫克/升的防落素喷花，防止落花，提高坐果率。

（4）保温　随着外界气温下降，及时扣四周薄膜防寒保温，以满足西红柿结果后期的温度要求。

（5）防病　大棚栽培西红柿，由于植株生长过程中，高温高湿与低温低湿交替出现，温湿度变幅大，易发生病害，对生产影响较大，生产中应注意防治，一般每隔10天交替喷施70%代森锰锌500倍液、40%瑞毒霉400倍液、70%甲基托布津700倍液进行防治。在阴雨天，可用10%速克灵或45%百菌清烟雾剂熏烟防病。

（6）贮存催熟　当棚内最低温低于5℃时，应及时采收绿果贮存。贮存期间控制温度在10～15℃，相对湿度在70%～75%。堆放时可将果实码3～5层。贮存数天后，对仍没有红熟的果实可用1000～2000毫克/升乙烯利溶液浸蘸，在20～25℃条件下，用塑料薄膜密封48～72小时催红。

四、黄瓜大棚秋延后丰产栽培技术

1. 种植茬口安排

黄瓜忌连作，在种植过瓜类作物的大棚中进行秋延后黄瓜生产，病虫害发生严重，影响产量的形成，因而要避免在种植过瓜类作物的大棚中进行秋延后黄瓜生产。最好选择种植过豆类或葱蒜类、十字花科作物的大棚种植黄瓜，以利产量提高。

在种植季节安排上，各地应根据市场需求灵活掌握，由于大棚栽培时，对环境的人为干预能力增强，因而播种期的弹性较大，像甘肃一般于 7 月中下旬播种，8 月中旬定植，9 月底至 10 月初采收，一直可采收到元旦前后。

2. 品种选择

秋延后黄瓜生产前期正值高温多雨季节，后期气温较低，大棚保温性相对较差，秋延后黄瓜生长期光照由强变弱，光照时间由长变短，均不利于生产的进行。在品种选择上要适应这种环境变化的特点，选择前期抗高温而后期耐低温，抗病、丰产、商品性好的品种，像甘肃生产中应用的主要品种有秋美 36、绿秀 1 号、甘丰春玉、甘丰袖玉等。

3. 育苗

在地势高、通风好的向阳处，整修宽 1.2～1.5 米、长 7～8 米的南北向苗床，用 6 份非瓜类作物田园土与 4 份充分腐熟的农家肥充分混合配制营养土，采用营养钵或穴盘育苗，营养钵选直径 10 厘米以上的大钵，穴盘选用 50 穴塑盘，以有效保证营养面积，培育大苗，在营养钵或穴盘中装满营养土，整齐排放在苗床上，浇透水，准备播种。

种子在播种前要清选，选择饱满、光亮的新鲜种子，剔除瘪粒、破粒，将选好的种子在阳光下曝晒 1～2 天，然后用 55℃左右的温水浸种 4～5 分钟，加冷水降温至常温，浸泡 12 小时，捞出，沥干水分。用小木棒在营养钵或穴盘穴孔中央扎一小孔，每孔点播种子 1 粒，覆土 1～1.2 厘米，播种后及时用地膜覆盖苗床，保湿，以利出苗。

秋延后黄瓜育苗时，光照强，气温高，若管理不当，易发生徒长现象，在管理上应加以注意。通常采用遮阳育苗的方法，在有 70%左右的黄瓜出苗后撤去地膜，在苗床上搭建小拱棚，上面覆盖遮阳网降温，在整个苗期不用浇水施肥，以防止徒长现象的发生。

秋延后黄瓜育苗时，苗期易发生猝倒病、立枯病、病毒病及蚜虫危害，要加强防治。出现立枯、猝倒现象时，可喷 72.2%普力克水剂 400 倍液防治，田间有蚜虫危害时可喷 10%吡虫啉 3000 倍液，控制蚜虫危害，降低病毒病的发生概率。

4. 移栽

在苗龄 25～28 天时开始移栽，栽前要精细整地，对土壤进行深翻，结合深翻，每亩施优质农家肥 6000～6500 千克或商品有机肥 600 千克以上，高钾型复合肥 50 千克以上，油渣 300 千克以上。将肥料均匀撒施地表，用微型旋耕机耕旋两遍，保持耕深在 25 厘米以上，然后起宽 80 厘米、高 15 厘米左右的垄，保持垄间距在 40 厘米左右，垄起好后用黑色地膜覆盖，保墒抑草。然后在垄上按株距 28～30 厘米的标准挖栽植穴，每垄两行，每亩栽植 3300～3500 株。黄瓜伤根后愈伤困难，栽时要保证土块完整，以有效保护根系，提高成活率，栽后要及时浇水，待水渗后用行间干土封口。

5. 栽后管理

完成栽植后，要及时在棚架上覆盖遮阳网，防止曝晒，促进缓苗，视土壤墒情，在定植后 3～5 天再浇一次缓苗水，然后控制水分的供给，进行蹲苗，防止徒长。

在苗高 30 厘米左右时及时吊蔓，8 月下旬到 9 月初，气温降低，可撤除遮阳网，及时覆盖棚膜保温，控制棚内温度白天在 25～30℃，最高不要超过 32℃，夜间最低温度不要低于 13℃，可通过通风调节棚内温度。进入 10 月份后，气温越来越低，不利于黄瓜生产，可采用棚上夜间覆盖苫被的方法，提高大棚保温性，以创造适宜黄瓜生长结果的条件，促进产量提高。

当根瓜坐住后，植株对肥水的需求量大幅增加，要及时补肥浇水，以保证植株及果实生长的物质需求，一般每亩需施高钾型复合肥 20 千克左右或有机水溶肥 350 千克左右。进入盛瓜期后，应视土壤墒情，每摘一次瓜浇一次水，隔一次水追一次肥，每次每亩施水溶性有机肥 350 千克或高钾型复合肥 20 千克左右。在 10 月中下旬，气温低，蒸发量减少，要控制田间浇水次数和浇水量，防止浇水过量导致地温下降，影响黄瓜结瓜的顺利进行。

在黄瓜植株生长过程中，要加强植株管理，保证良好的通风透光性，减少养分不必要的损失，促进产量提高。生产中要及时打掉下部的老黄叶和病叶，除去 10 节以下的侧蔓，主蔓在 20～25 节处摘心。

秋延后黄瓜生产中易发生立枯病、霜霉病、灰霉病、细菌性角斑病、蚜虫、白粉虱等病虫危害，对产量影响较大，生产中应加强防治。在加强肥水供给、提高植株长势、增强植株抗病性和调节大棚温湿度抑制病害发生的基础上，要注意适时对症用药防治，控制危害。一般有立枯病发生时，可用 30%甲霜·霜霉威可湿性粉剂 500～600 倍液喷防；霜霉病发生时，可用 72%的霜脲·锰锌可湿性粉剂 500～600 倍液喷防，或每亩用 45%百菌清烟剂 400～500 克熏棚；灰霉病发生时，可用 50%异菌脲可湿性粉剂 600～900 倍液喷防，或每亩用 15%腐霉利烟剂 250～500 克熏棚。一般防病时应每 7～10 天喷药或熏棚一次。蚜虫可用 10%吡虫啉 2000 倍液喷防；白粉虱可用 10%氯噻啉可湿性粉剂 1500 倍液或 20%烯啶虫胺水分散粒剂 1500 倍液喷防。

6. 适时采收

秋延后黄瓜生长前期气温高，光照充足，瓜条生长迅速，在瓜条长足后要及时采收，以防坠秧，一般应每天采收一次。以后气温降低，光照变弱，瓜条生长缓慢，要适当延迟采收，可 2～3 天采收一次，以保证瓜条充分长足，提高产量。采摘最好在早晨进行，早晨采摘的瓜条水分含量大，产量高，品质新鲜。采摘时最好用剪刀剪采，以有效地保护瓜秧。

五、西瓜大棚秋延后栽培技术要点

西瓜大棚秋延后栽培，可有效延长西瓜供应期，提升生产效益，是西瓜高效生产模式之一，也是我国西瓜生产的创新方式之一。现将甘肃省陇东地区西瓜大棚秋延后栽培的技术措施总结如下，供参考。

1. 品种选择

西瓜秋延后栽培多采用大棚保护地栽培，后期温度低，因而在种植品种上应选择耐高温高湿、优质、丰产、抗病性强、适合保护地栽培的早、中熟品种，不能采用晚熟品种。生产中应用广泛的有京欣系列、郑杂 5 号、金钟冠龙、新红宝、金城 5 号等。

2. 整地起垄

秋季降雨多，田间易积水，应选择地势高燥的沙壤土地块栽植。整地之前每亩施优质农家肥 4000～5000 千克、三元复合肥 50 千克左右，将肥料均匀撒施于地表，进行耕旋，按 2 米的间距整宽 1 米左右的栽植带，栽植带最好起垄，垄高 10～15 厘米，垄起好后覆盖地膜。

3. 搭棚架

整好地后搭拱棚架，种植西瓜应以大棚为主，棚高 2 米左右、宽 10～20 米、长 30～50 米，具体按地形及种植面积的大小而定。搭建时可就地取材，搭建竹木棚或竹木水泥棚、钢架棚。棚最好南北走向，以利接受太阳光热量，提高温度，抗风力，棚面角度以不影响排水的小角度为好。搭建大棚架时，立柱、拱杆、压杆施工时要深埋，埋牢固，绑紧，提高负荷能力。

4. 适时播种

秋延后栽培西瓜可于7月上中旬播种，播种时要做好种子消毒，每垄播种1行，播于垄正中间，株距0.3～0.4米，亩留苗800～1000株。

5. 枝蔓管理

根据栽植密度及西瓜品种确定整枝方式，一般亩栽植1000株左右的早熟品种可采用单蔓整枝，留主蔓生长，摘除所有侧蔓；亩栽植800株左右的中熟品种可采用双蔓整枝，除留主蔓外，在主蔓5～7节处留一侧蔓，摘除其余侧蔓。在枝蔓生长过程中，要注意顺蔓，将蔓统一拉向一个方向生长，每隔5～7节用短木棍固定瓜蔓，防止瓜蔓满地乱爬。

6. 清理杂草

秋季气温高，田间湿度大，杂草生长迅速，杂草生长会消耗大量土壤营养和水分，影响西瓜植株的生长，生产中应及时清理杂草。

7. 辅助授粉

秋延后栽培西瓜的结瓜期多雨，不利坐瓜，要加强辅助授粉。在花期遇连阴雨天温度低时，需进行人工授粉。可在上午7～8时左右，采摘开放雄花，剥去花冠露出花药，轻轻涂抹在雌花柱头上即可，以提高坐瓜率。

8. 适时追肥

西瓜苗期及抽蔓期需肥量少，在基肥施用充足的情况下，可不必追肥。在瓜个有鸡蛋大小时，生殖生长与营养生长都进入快速生长期，需肥量增加，要及时进行营养补充，一般亩施三元复合肥15～20千克或在坐瓜期每亩施磷酸二铵10千克，磷酸二氢钾3千克，以保证植株健壮生长，防止脱肥引起植株早衰，导致产量降低。

9. 适时覆盖棚膜

8月前气温较高，秋延后西瓜以露地生长为主，到8月下旬之后气温开始降低，环境开始不利于西瓜果实膨大和糖分积累，要注意及时覆盖棚膜，以提高温度，保证西瓜果实的正常生长，提高果实糖分积累。盖棚膜初期晴天要注意通风，防止出现高温危害，在日出后揭开棚膜两头进行通风，日落前盖好棚膜保温，以后随着外界气温降低，缩短通风时间。

10. 加强病虫害防治

秋延后西瓜生长期环境有利于病虫害的发生，无论危害苗期的立枯病、猝倒病、蝼蛄、地老虎、蛴螬，还是抽蔓期后发生的病毒病、炭疽病、霜霉病、白粉病、枯萎病、蔓枯病、潜叶蝇、蚜虫、红蜘蛛、蛾类等病虫害，对西瓜生产都危害较大，影响西瓜产量和生产效益的提高，生产中要认真观察，发现病虫危害后要有针对性地落实防治措施，控制危害，以保证西瓜健壮生长，促进产量和效益的提高。

在苗期要加强立枯病的防治，发现病株后应及时拔除，立即用菌毒清进行灌防。在植株生长期应加强枯萎病的防治，定植后每7～10天用300倍10%双效灵灌根一次。天旱时如果蚜虫发生严重，要及时喷2.5%敌杀死4000倍液进行杀灭，控制病毒病的发生。

一般枯萎病可用50%多菌灵500倍液喷洒或用新植霉素2000倍液灌根。霜霉病喷50%甲霜铜可湿性粉剂600倍液或90%乙磷铝500倍液防治。白粉病喷2%农抗120或2%武夷霉素200倍液防治。疫病可用64%杀毒矾可湿性粉剂500倍液或70%代森锰锌可湿性粉剂400～500倍液防治。炭疽病可用1∶0.5∶240倍波尔多液或50%多菌灵可湿性粉剂800倍液防治。软腐病可用72%农用链霉素3000～4000倍液或4000倍液的新植霉素防治。病毒病一方面要加强对蚜虫的防治，以切断病毒传播途径，另一方面可喷70%病毒A可湿性粉剂500倍液或1.5%植病灵乳剂1000～1500倍液防治。蚜虫可用50%抗蚜威1500倍液或2.5%敌杀死4000倍液喷防。菜青虫可用20%杀灭菊酯杀灭。

11. 采收

秋延后西瓜成熟时外界气温低，有利于贮藏，要注意适时采收，像甘肃陇东多在国庆节前后采摘，进行贮藏。由于秋延后西瓜生长期气温低，西瓜生长时间长，坐瓜到采收需40天左右。

六、韭菜大棚秋延后栽培技术

韭菜较耐寒，叶子能耐－4～－5℃低温，土面以下的生长点在极端最低温度－40℃时，仍能安全越冬，秋末冬初利用塑料大棚栽培韭菜（图4-16），春节前后投放市场，效益颇佳。大棚韭菜栽培要点如下。

1. 选择茬口

秋冬季栽培韭菜必须选择背风向阳、光照充足、日照时间长、地势平坦、交通方便的肥沃地块，不要与葱蒜类蔬菜连作或重茬。

2. 整地施肥

韭菜幼苗出土能力差，播前精细整地是保全苗的关键，一般应深旋20～25

图 4-16　大棚栽培韭菜

厘米，结合旋地亩施优质农家肥5000千克以上，尿素20千克左右，过磷酸钙30千克左右，草木灰500～700千克，耙平耱光，以待播种。

3. 选用良种

韭菜品种不同，其生产能力差别较大，生产中应选择叶片宽、颜色浅、纤维少、品质鲜嫩、回根晚、耐寒性强的冬韭、791雪韭栽培。

4. 适期播种

露地清明节前后播种，垄沟宽15厘米左右，垄高12～15厘米，亩播种量2～2.5千克。播完后稍加镇压。沟内再铺1厘米左右厚的细绵沙，以增温保墒，防止板结。

5. 苗期管理

出苗后要保持土壤湿润，防止土壤忽干忽湿，要少量多次浇水，保持土表见干见湿，及时中耕除草，结合浇水施肥，每浇两次水施一次尿素，每次亩施10～15千克。分次平垄填沟，以便分蘖跳根。寒露前停止浇水，控制韭菜贪青徒长，待其自行干枯迫使营养早日回根。入冬后随冬灌亩施尿素20千克左右，为韭菜高产创造良好的条件。

6. 搭架扣棚

当土壤封冻5～10厘米时（即叶片干枯后约30天）扣棚，三层覆盖，棚高1.7米、宽6～7米、长20米。大棚与二层拱棚的间距保持在12厘米左右，这样不易形成对流，保温效果好。扣棚后随地温回升，韭菜逐渐返青生长，当韭菜长到 15 厘米时，留茬 3 厘米收割。收割时避开高温强光的小环境，在晴天上午或阴天进行，保证产品新鲜耐贮运，元旦或春节投放市场。在第二茬韭菜收割后亩施尿素 15 千克左右，并根据棚内土壤墒情适当浇水，保证有足够的养分和水分供韭菜生长。早春注意高温的影响，当棚内温度超过 28℃时及时进行通风换气，棚温白天控制在 17～21℃，夜间控制在 10～12℃。当韭菜收割三茬后，露地地温稳定在 12℃以上时撤棚。露地收割 1～2 茬后，加强养根管理，亩施农家肥 5000 千克左右，磷酸二铵 25 千克左右，结合中耕翻入地中，深度在 12 厘米以上，可锄断老根，刺激新根生长，每年进行一次。2 年生韭菜不留种子时应及早打摘花薹，减少养分的消耗，入伏前不追肥，以控制长势，减轻倒伏程度，立秋后加大肥水供应，促进生长。第三年起由于跳根而使毛根外露时，及时覆土 2～3 厘米以利根系生长，寒露实施强控早盖措施，达到高产的目的。

7. 病虫害防治

大棚韭菜生产中对生产影响较大的病虫害主要有灰霉病、蚜虫和韭蛆，防治时应抓住关键时期用药，以控制危害。

灰霉病发生初期在叶面上产生白色至浅褐色小点，后迅速扩大，导致连片叶肉腐烂，可在发病初期用 40％多菌灵 600 倍液喷防，也可在出芽和收割后喷雾 1～2 次，进行预防。

蚜虫主要集中在地表假茎部位危害，当出现危害时可用 10％吡虫啉可湿性粉剂 1000 倍液或 90％万灵 1000 倍液、50％啶虫脒水分散粒剂 3000 倍液喷防。

韭蛆在韭菜生长期，用 50％辛硫磷乳油 1000 倍液，或 80％敌百虫可溶性粉剂 1000 倍液灌根，防效明显。

七、芥蓝大棚秋延后栽培技术

芥蓝（图 4-17）是原产于我国南方的特色蔬菜之一，属十字花科芸薹属甘蓝的一个变种，主要以肥嫩的花薹及嫩叶供食，质脆嫩，清甜，风味别致，近年来在我国北方广为引种，成为北方蔬菜新种之一。利用大棚进行秋延后栽培可供应 11 月至翌年 3 月蔬菜淡季市场，售价高，效益好，是高效种植模式之一。其栽培要点如下。

1. 种植季节安排

大棚秋延后芥蓝栽培，由于生长期短，采收期相对较长，一般总生育期 110～140 天，从播种到初收需 60～80 天，可持续收获 50～60 天，在生产中可根

图 4-17 芥蓝

据市场需求灵活掌握播期，一般我国西北地区多在 8 月上中旬至 10 月间播种，主要供应 11 月至翌年 3 月消费市场。

2. 育苗移栽

选择通风向阳、近五年内没有种植过十字花科作物的地块作苗床，将苗床整修成宽 1.2～1.5 米、长 7～8 米的畦，每畦施充分腐熟的农家肥 40～50 千克或商品有机肥 4～5 千克，磷酸二铵 2.5～3 千克，将肥料均匀撒施苗床，然后深翻 30 厘米左右，将地整平，每畦用种 0.1 千克，与细沙混匀撒于苗床，在其上筛一层厚 0.5 厘米左右的细土，用塑料薄膜覆盖苗床，保湿，以利出苗。在有 50% 左右的幼苗出土后撤去薄膜，8 月育苗时，由于光照强、温度高，易发生幼苗徒长现象，可在苗床上架小拱棚，用遮阳网覆盖降温，防止徒长。10 月后育苗时，气温低，易出现僵苗现象，要注意保温，在苗床上架小拱棚，覆棚膜保温，以培育健壮幼苗。播种后，当幼苗有 3～4 片真叶时按 6～8 厘米间距分苗，一般在苗龄 30 天左右，具有 5～6 片真叶时即可移栽。育苗期要加强环境调控，以创造适宜芥蓝生长的环境，促进幼苗健壮生长。芥蓝喜温和气候条件，气温在 10～30℃范围内均能良好生长，最适宜生长的温度为 15～25℃。芥蓝不耐干旱，喜湿润，要求土壤相对湿度在 70%～80%，空气相对湿度在 80%～90%，育苗时可通过小拱棚苫盖物的揭盖及浇水等措施，尽可能地将棚内温度控制在白天 25～30℃，夜间 15～20℃，要经常保持苗床土壤湿润。

3. 茬口选择

芥蓝在我国北方为新兴蔬菜，但由于它为十字花科作物，与十字花科作物有共同的病虫害，生产中要在没有种植过十字花科作物的大棚中种植，以降低病虫害的发生率，为高产打好基础。可选择种植过茄科类、瓜类、豆类、葱蒜类蔬菜的大棚种植。

4. 整地施肥

疏松的土壤，有利于芥蓝根群下扎，形成强大根群，提高吸收能力。肥沃的土壤可为芥蓝生长提供充足的营养，保证植株健壮生长。因而生产中应精细整地，施足基肥。一般在定植前要对土壤进行耕翻，耕深应在25厘米以上，结合耕翻，每亩施充分腐熟农家肥3000千克左右或商品有机肥300千克以上，高氮复合肥20千克左右，在耕前将肥料均匀撒施地表，然后耕翻，将地整平，做宽1.5米的畦。

5. 定植

栽植前苗床浇透水，以利带土起苗，在整好的栽植畦内按30厘米×35厘米的株行距标线挖栽植穴，随挖随拔苗、随栽植，栽时对苗子进行大小分级，剔除弱苗和徒长苗，先栽大苗，后栽小苗，保证田间植株生长一致，抽薹整齐，便于采收。栽后及时浇定植水，以利缓苗。

6. 定植后管理

定植后到缓苗期，棚内温度白天控制在25℃左右，缓苗后，降低温度，白天温度控制在20～22℃，现蕾后温度控制在15～25℃，要加大昼夜温差，以利芥蓝健壮生长。温度低时可采用套小棚加盖保温被的方法，提高室内温度，在芥蓝生长过程中，要控制浇水量，只要土壤湿润，要尽量少浇水，防止棚内湿度过大，导致病害严重发生，影响产量。

芥蓝叶片大，营养生长消耗养分多，生长期及侧薹的连续采收期长，需养分较多，生产中应加强肥水供给，以促进产量提高。一般在植株生长前期对氮肥需求量大，到菜薹形成期对磷钾肥需要量增加，在施肥时应顺应这一规律，一般在定植到现蕾抽薹时，应及时追肥浇水，每亩施尿素10千克左右，在主薹采收后，为促进侧薹生长，每亩施磷酸二铵10～15千克，每次施肥后及时浇水，以加速肥料转化，提高植株利用率。

芥蓝的长势强，植株较高，开张度大，中后期茎秆由细变粗，而下部茎秆仍较细，易发生植株倾斜倒伏现象，因而在芥蓝封行前要进行培土，以有效防止倒伏现象的发生。

7. 病虫害防治

芥蓝和其他十字花科蔬菜一样，在生长过程中易受霜霉病、黑腐病、菜青虫、小菜蛾、蚜虫、白粉虱危害，导致减产，生产中应加强防治，以降低危害。生产中有效防治措施有：

① 加强肥水管理，促进植株健壮生长，提高植株的抗性，减轻病虫危害。

② 加强栽培环境调控，在不受冻害的前提下，延长通风时间，降低棚内湿度，抑制病虫害的发生、发展及蔓延。

③ 对症用药，控制危害。霜霉病发病前每亩用45%安全型百菌清烟剂0.2～0.25千克，点燃熏烟预防，发病时用75%百菌清可湿性粉剂或72.2%普力克水剂600～1000倍液或50%甲霜铜可湿性粉剂600倍液或90%乙磷铝500倍液喷防；黑腐病发生时，用50%菌毒清300倍液或50%多菌灵可湿性粉剂500倍液、多硫悬浮剂1000倍液喷防；蚜虫、小菜蛾、菜青虫发生时可用10%吡虫啉2000倍液喷防；白粉虱发生时可用25%扑虱灵可湿性粉剂2500倍液或25%灭螨猛可湿性粉剂1000～1500倍液喷防。

8. 采收

芥蓝主要以花薹为食用器官，花薹又有主、侧薹之分，在采收时要兼顾主、侧薹，以利提高产量。一般主薹采收时，保留4～5片健壮叶片，有利于促进侧薹生长发育，第一侧薹采收时保留1～2片好叶，可促进第二侧薹生长发育。一般应在花薹粗0.5～1厘米、长度达到15～20厘米时进行采收，采收后的花薹应去掉下部的叶片（图4-18），捆成重0.5千克左右的小把。

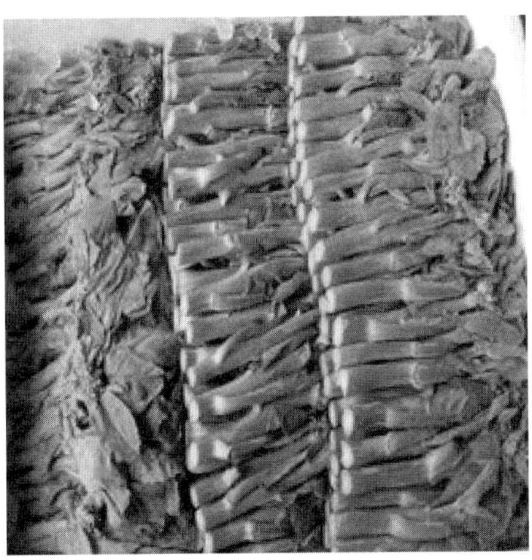

图4-18 采后待售的芥蓝

八、豇豆大棚秋延后栽培技术

1. 季节安排

大棚秋延后栽培豇豆（图 4-19），一般于 8 月初直播，9 月中下旬至 11 月上旬采收。

图 4-19　大棚栽培豇豆

2. 品种选择

秋延后栽培豇豆宜选择前期抗高温、后期耐低温，抗病、抗逆性强，商品性好，产量高的品种，如之豇 28、之豇特长 80、红嘴燕等。

3. 种子处理

播前选择晴好天气，将种子置于阳光下晒种 2～3 天，再用 55℃左右温水烫种 4～5 分钟，烫种过程中不断搅拌至温度降至 30℃后，浸种 4 小时，捞出后用种子量 0.5%的 50%多菌灵可湿性粉剂拌种，待播。

4. 整地施肥

播前要对土壤进行耕翻，结合耕翻，每亩施充分腐熟有机肥 3000～4000 千克，磷酸二铵 20 千克左右，高钾型复合肥 10～15 千克，将肥料均匀撒施，然后进行耕翻，耕深在 25～30 厘米，耕后耙平，做成 1.2～1.4 米的畦。

5. 播种

畦做成后，按行距 60 厘米、株距 30 厘米的标准进行点播，亩用种 1～1.5 千克，每穴点播 2～3 粒，播种后覆盖 2 厘米左右的营养土，覆盖地膜保墒提温。

6. 播后管理

播后注意保温，白天室温控制在25～30℃，夜间控制在16～18℃，最低在16℃以上。在有20%的种子出苗后，揭去地膜，出苗后适当降低温度，白天室内温度控制在20～25℃，夜间控制在15～16℃，最低温度应在15℃以上。苗出齐后注意间苗，去弱留强，每穴留1株。在第一花序长出后，浇第一次水并施肥，每亩随水施尿素15千克左右。进入结荚期后要保持畦面湿润，每浇2～3次水追肥一次，每次每亩施尿素10～15千克。由于豇豆采收期长，在生长过程中要加强肥水供给，防止脱肥，导致结荚少、植株生长停止、落叶、不发生侧枝等现象的出现，以保持植株健壮生长，提高结实能力。

在苗高30厘米左右时，节间开始伸长，进入抽蔓期，要及时吊蔓，把蔓按顺时针方向缠绕在吊绳上，使其向上攀缘生长。结合吊蔓，将主蔓第一花序以下的侧芽抹去，以提高结荚率，主蔓第一花序以上各节位的侧枝留2～3片叶摘心，主蔓长到2米左右时摘心。

7. 病虫害防治

豇豆生产时易发生猝倒病、立枯病、锈病、煤污病、炭疽病、细菌性疫病、豆荚螟、蚜虫、白粉虱、潜叶蝇等病虫危害，生产中应加强防治，保证植株健壮生长，以提高产量和生产效益。

猝倒病、立枯病症状出现后，可用70%噁霉灵可湿性粉剂1500倍液或30%甲霜·噁霉灵水剂2000倍液淋根部喷防。

锈病在发生初期可用25%烯唑醇或三唑酮可湿性粉剂2000倍液或40%氟硅唑乳油1500倍液、43%戊唑醇悬浮剂2500～3000倍液、10%苯醚甲环唑水分散粒剂1500倍液喷防。

煤污病发病初期可用25%嘧菌酯悬浮剂1500倍液或40%多硫悬浮液800倍液喷防。

炭疽病可用80%炭疽福美可湿性粉剂500倍液或25%嘧菌酯悬浮剂1000～1500倍液喷防。

细菌性疫病发生初期可用40%农用链霉素可溶性粉剂2000倍液或100万单位的新植霉素粉剂3000～4000倍液喷防。

豆荚螟发生时可用10%吡虫啉乳剂2500倍液喷防。

蚜虫、白粉虱发生时可用1.5%除虫菊素水乳剂2000倍液或25%噻虫嗪可湿性粉剂1000倍液喷防。

潜叶蝇发生时可用1.8%阿维菌素乳油1000～2000倍液或50%灭蝇胺可湿性粉剂1500～2000倍液喷防。

8. 采收

在豇豆豆荚长达20厘米以上时及时采收，由于豇豆豆荚是分批结实的，在采收时注意分批采收，以减轻植株负担，保证品质。采收时注意保护小花蕾，最好在嫩荚基部1厘米处剪断，防止伤及花蔓。

第五章

温室主要瓜果蔬菜栽培要点

第一节　温室集约化育苗技术

蔬菜日光温室集约化育苗是近年发展起来的新科技，具有节省种子用量、便于管理、所育苗整齐、促进蔬菜早熟的特点。其技术要点如下。

一、选用适宜的基质与穴盘

基质用草炭和蛭石按 2∶1 混合配制而成，粉碎过筛，使用时每立方米基质中加入氮磷钾（15-15-15）三元复合肥 2.5～3 千克。也可直接选购配制好的专用基质。穴盘可根据不同蔬菜的育苗特点选用，如黄瓜、西瓜可选用 50 孔或 72 孔穴盘，西红柿、茄子可选用 72 孔穴盘，青椒及中熟甘蓝可选用 128 孔穴盘，芹菜一般选用 288 孔和 392 孔穴盘，油菜、生菜一般选用 288 孔穴盘。

二、基质装盘及播种

穴盘使用前应先清除穴盘中的残留基质，用清水冲洗干净，晾干，然后将苗盘放在密闭的房间中，用硫黄粉、锯末混合后点燃熏烟消毒。手工播种应首先把育苗基质装在穴盘内，刮除多余的基质，然后每穴打一深孔，干籽直播。单穴播种后覆土，覆土单用较细的蛭石，用喷壶喷透水后放在催芽室中催芽。待种芽出土后将苗盘摆在育苗温室的床面上。

三、育苗温室的配套设施

在寒冷季节育苗时，育苗温室需要配备电热风炉或铺设地热线，以提高育苗环境的温度，通风口覆盖 40 目以上的网，配备滴灌设备。

四、苗期管理

穴盘育苗由于穴间距小，菜苗密度大，应加强前期管理。水分管理是育苗成败的关键，整个育苗期间采取控水的办法，保持育苗穴盘不湿不干，确保秧苗不萎蔫、不徒长。育苗期间根据秧苗长势进行倒盘，以使秧苗生长均匀，根据蔬菜种类和生长阶段搞好温、湿度管理。像黄瓜播种后，白天温度应控制在 30℃左右，夜间最低在 17℃，地温保持 25℃左右；西葫芦为使幼苗生长健壮和雌花分化良好，要加强温度调控等管理，白天温度应控制在 20～25℃，夜间温度应控制在 10～15℃，超过 25℃要及时放风，降到 20℃以下闭风；西红柿播种后为促进出苗，白天温度应控制在 25～28℃，夜间不能低于 18℃，出苗后，当真叶开始顶心时，夜间温度应保持在 12～15℃，以便抑制呼吸消耗，促进培育壮苗；油菜播种后出苗前保持较高温度，出苗后注意控温，白天保持温度在 15～20℃，夜间温度应控制在 10℃左右。

第二节　温室秋冬茬主要瓜果蔬菜栽培要点

一、温室秋冬茬蔬菜生产环境特点及管理原则、要点

1. 温室秋冬茬蔬菜生产环境特点

秋冬茬蔬菜生长季外界气温由高变低，光照时间由长变短，生产环境非常不利于蔬菜生长结果，多要通过辅助措施创造适宜蔬菜生长的环境条件，以保证生长结果的正常进行。

2. 管理的总原则

① 苗期注意防徒长。温室秋冬茬蔬菜苗期大多在 8～9 月，此期气温高、光照强，如管理不当，极易发生徒长，影响成花结果，不利产量提高，因而防徒长是管理的关键。苗期一定要注意遮阳降温，控制湿度，以培育壮苗，为丰产打好基础。

② 进入 10 月份后，外界气温降低，光照变弱，光照时间变短，室内温度、光照难以满足蔬菜生长需要，要注意加强保温，在不影响植株正常生长结果的前提下，苫盖物要尽量早揭晚盖，以延长光照时间，增加室内受光量，提高室内温度。11 月后进入一年内低温期，对喜温蔬菜，可通过加温提高室内温度，以及通过人工补光等措施，满足植株生长需要，促进植株生长。

③ 秋冬茬蔬菜生长季，温度由高温向低温过渡至最低点，然后由低温向高温过渡，室内湿度较大，易发生病害，在蔬菜品种选择上，要选择抗寒、耐热、抗病性强的品种种植，有条件的尽量推行嫁接栽培。

④ 秋冬茬蔬菜生长期长，产量高，肥水需求量大，生产中应充分供给，防止因缺肥少水导致出现早衰现象，影响产量形成。

3. 冬春季日光温室瓜菜管理要点

冬春季温室生产经常受寒流、雾雪天、连阴天气的影响，对于低温寡照天气如管理不当，将出现低温冻害、落花落果、裂果、闪苗等现象，给生产造成损失。在管理上应注意以下要点：

(1) 灾害性天气的应对 在冬季降温之前，在棚室周围挖宽 1 米、深大于当地冻土层（像甘肃中部的静宁深在 60 厘米以上）的防寒沟，沟内填秸秆、杂草。防寒沟里的杂草在受潮之后发酵，释放出二氧化碳和热量，起到保温作用。冬季应根据天气变化情况，适时在棚上加盖苫盖物，在寒潮来袭时要适当早盖苫帘，减少通风时间，有条件的用植物专用增温补光灯、空气加热线、电暖器等进行加温。增温补光灯安装时距地面高度为 1.5 米，8 米宽的棚可顺顶安装 2 行，电压要求 220 伏，夏天不用时取下保存。空气加热线一般每棚可装 120 米，功率 1000 瓦，5～6 条。可给大棚穿“围裙”，即在棚前围一道草帘。在有雾天气要及时用抹布、拖把等清除棚膜上的灰尘、草屑等，增加棚室内光照强度。在大风雪到来之前，及时检查塑料薄膜的固定情况，压膜线或压杆必须固定牢靠，并把苫盖物压严。雪天要增加立柱，以加固棚体，增强大棚抗压能力，防止棚体垮塌，出现中到大雪时，要尽早清除棚上和棚周围的积雪，防止积雪压塌大棚；雪较小时，等雪停后要及时清理棚体上的积雪，揭帘见光。连阴天时每天照常揭帘见光，通风换气，可适当晚揭早盖，可在中午前后短排湿，防止病害发生。如果持续阴天后猛晴，切忌将苫盖物全部揭开，以免棚内温度上升过快出现闪苗，应间隔揭帘，即揭花帘，小开通风口，适当通风。如果是用卷帘机，揭帘后通风让棚内温度缓慢上升，秧苗出现萎蔫现象要及时回帘遮阴，等秧苗恢复后再揭帘，如此反复操作，直到秧苗恢复正常。切勿使棚内出现高温强光，导致因秧苗蒸腾量大而根系吸收水分少出现萎蔫，甚至造成秧苗茎叶发黄干枯。

（2）温度管理　此期温度管理为重点，要采取一切措施，提高棚室内的温度，以保证植株生长发育需要。像西红柿为喜温蔬菜，生产中白天温度务必保持在20～25℃，夜间尽量保持在10～15℃，开花、结果期可采用四段式管理，即前半天23～27℃，后半天18～23℃，前半夜16～20℃，后半夜10～16℃；黄瓜对温度要求高，白天温度应保持在26～28℃，夜间保持在10～14℃。

（3）肥水管理　深冬季节12月下旬至来年1月下旬一般不浇水、不施肥。由于根系吸收功能减弱，也可叶面喷施0.2%尿素+0.2%磷酸二氢钾+0.4%白糖配制的糖氮液或氨基酸肥液等补充养分，增强植株抗寒及抗病能力。如果秧苗持续几天在中午见到强光后出现萎蔫（久阴突然变晴时除外），可适当浇小水，不施肥，到2月份天气转暖后开始浇水追肥。

生产中要严格控制浇水，可根据作物的生长情况及天气变化，灵活浇水，连阴雨天气到来前，严禁大水漫灌，以免造成棚内湿度大、地温低，导致病害发生，若需浇水，可提前采用膜下滴灌。冬季棚室浇水一般可在晴天的中午进行，可采用小行灌溉或膜下滴灌，禁止明沟浇大水。浇水后要及时通风排湿，当棚内湿度大又不能通风时，为了保持地温，降低棚内湿度，可在行间撒草木粉或细干土、草屑等吸湿。

（4）空气湿度管理　根据棚室内湿度情况，尽量在中午10时以后进行短时间的小通风，在尽可能不降低棚内温度的条件下降低棚内湿度，减少病害发生。注意做到通风量小、时间短，一般以白天棚内温度不低于15℃、夜间不低于10℃为宜。

（5）光照管理　冬季应保持棚面洁净，及时清扫棚面上的灰尘，提高棚膜的透光率。可根据种植作物对光照的需求进行管理，一般在保证植株生长所需温度的前提下，苫盖物应早揭晚盖，以延长光照时间。遇阴雨雪天也要揭开苫盖物，利用散射光。遇长时间连续阴天，会导致棚内光照不足，植株光合作用受阻，常会出现叶片发黄、植株饥饿死亡的情况，此时必须人工补光。可在棚中安装增温补光灯或100瓦白炽灯、千瓦棒（高压钠灯）等进行补光，白炽灯可顺棚每2米安装1个，千瓦棒每20米安装1个，灯泡或千瓦棒安装高度距地面1.5米，一般扣棚后补光2小时，揭帘前补光2小时。

（6）植株管理　冬季应及时摘除病叶、老叶、成熟果实，对能落蔓的植株进行落架，对生长较弱的棚内作物，喷一次0.3%磷酸二氢钾和植物抗寒剂、青霉素等，增强作物的抗寒性。

极端低温寡照天气，棚内作物生长停滞，叶片光合能力弱，制造的营养物质减少，难以满足蔬菜正常生长对营养的需要，为了“保命”，需摘除植株上的果实，以保证植株生长对养分的基本需求。

（7）病虫害防治　低温高湿环境是病害发生的主要诱导因素，这一时期要特别注意对棚内湿度的控制，保持相对干燥的环境，以抑制病害的发生，同时要及时剪去受冻害发黄干枯的茎、叶、花，以免组织发霉病变，最好待缓苗后进行喷药防治病害，要准确掌握药物浓度，均匀喷防，避免因秧苗抵抗力弱而导致药害发生。

（8）春节前后管理要点　春节前后，外界气温处于一年中的最低时期，因此栽培中既要最大限度地采集光能，又要千方百计地保住所采集的热能，来满足作物生长的需要。

① 温度管理　冬季制约作物生长最显著的因子就是环境温度。通常情况下，果菜类生长适宜的温度范围，白天为 25～30℃，夜间为 10～16℃；叶菜类生长适宜的温度范围，白天为 20～25℃，夜间为 8～13℃。

管理措施：中午通小风，下午早收风，盖帘前根据温度可小通风。提倡早揭晚盖苫帘，延长作物见光时间，拉大昼夜温差，促进干物质积累，增强植株的抗逆性，调节棚室内湿度。一般以揭帘后棚室内温度下降 2～4℃、盖帘后温度回升 2～4℃为宜。夜间温度过高，易使作物叶片黄化，细嫩徒长；温度过低时，植株叶片墨绿，变厚、变小、变硬。

② 湿度管理　棚膜良好的气密性在为蔬菜生长提供适宜温度的同时，也提供了高湿的环境，高湿度是作物真菌性病害发作的前提条件，棚室内空气相对湿度是随着空气温度的变化而变化的。在密闭空间内，空气相对湿度随着环境温度的升高而减小，随着环境温度的降低而增大。在棚室内，地面通过裸露部分、地膜入水口和作物定植孔不间断地蒸发水分，直到室内空间的水汽在下午 2：30 左右温度最高时达到饱和状态。若此时未达到饱和状态，随着后半大温度的降低极易达到饱和状态，特别是夜间。棚室内空气一旦达到饱和状态，就会在蔬菜植株体表，尤其叶片表面形成水膜，水膜的出现为病菌孢子的萌发提供了水分条件。

管理措施：应以控制温室内空气中的含水量为重心。棚内暗管供水，小水膜下灌溉，少浇勤灌，室内地膜全覆盖，及时封闭定植孔、地膜入水口，室内温度升高后通风排湿，必要时盖帘前短时间通顶风。

③ 疏花疏果　果菜类蔬菜进入结果期，为了提高果实品质，必须进行严格

的疏花疏果。例如，一般在西红柿植株健壮的情况下，第一层留1～2个果，第二层留2个果，以后每层各留3个。每层留果时要选同时坐住的2～3果，掐掉最大的和最小的，避免养分竞争消耗。定植后若植株矮小，第一层花序可留可不留，必要时可采用“选杈留2片叶去顶”的方法来增加叶面积，提高叶面指数。在第一层果子处于白熟期时，所留杈叶随底层老叶一起去除。

(9) 春季后管理　可参考本章第一节中春大棚促成栽培管理要点。

二、温室秋冬茬辣椒栽培技术要点

辣椒为喜温蔬菜，秋冬茬温室栽培（图5-1）时，辣椒生长期外界气温低，管理难度大，生产中应加强管理，以利提高产量和效益，重点应抓好以下工作。

图5-1　温室栽培辣椒

1. 生产季节的安排

秋冬茬栽培要注意充分利用消费高峰期，一般冬季元旦和春节是我国传统的消费高峰期，其间消费品卖得快，价格高。秋冬茬辣椒上市期应在元旦和春节之间，生产中可根据上市时间，统筹安排育苗。一般在8月中下旬育苗，9月下旬至10上旬进行移栽。

2. 栽培品种选择

秋冬茬温室栽培辣椒应选择早熟性好、连续结果能力强、早期产量高、抗病性强、耐低温能力强、对弱光不太敏感、风味佳、耐贮运的品种种植，像猪大肠、陇椒2号、甘科3号、甘科5号、甘科6号、甘科8号、甘科9号、甘科13号、甘科15号、中椒2号、中椒3号、京椒2号等。

3. 培育壮苗

（1）适期播种 秋冬茬延后栽培辣椒苗龄以 30 天为宜，在 8 月中下旬育苗较适宜。

（2）整修苗床 苗床应选择地势高、排灌方便、通风条件好的地块。苗床面积依定植面积大小而定，一般每亩的定植面积需苗床面积 20 平方米左右。为了管理方便，苗床宽度以 1.2 米为宜。每亩椒田需种量 50～60 克。

（3）营养土的配制 辣椒苗期需肥量不大，但要求养分均衡全面。营养土可按如下配方配制：取 6 份未种过茄果类作物的大田细土，1 份草木灰，3 份充分腐熟的优质农家肥，充分混匀，然后用 50%多菌灵可湿性粉剂 800 倍液、40%乐果乳油 2000 倍液混合喷洒消毒，再用塑料薄膜盖严，密封 3～4 天，也可每立方米营养土加露速净 50 克充分混合拌匀待用。为保证一播全苗，缩短缓苗期及减少病毒侵染，最好采用营养钵护根育苗，做到育苗不分苗，这是培育壮苗的关键措施。

（4）种子处理 播种前晒种 1 天，放在 55℃的温水中烫种 10 分钟，并不断搅动；待水温降至 30℃时，将种子捞出放入 10%磷酸三钠溶液中浸种 20 分钟；然后用清水冲洗干净，再用清水淘洗数次后放在凉水中浸种 6～8 小时，用健植宝 500～600 倍液浸种防病效果更好，沥干水分，放在保温、透气、30℃的环境中催芽，待种子有 50%露白时播种。

（5）播种 播种前浇透苗床，水刚渗完、土表无明水时，每钵播两粒露白种子，而后盖过筛细土 0.5～1 厘米厚，同时在苗床上撑拱架，覆农膜和遮阳网，进行保护育苗，这是培育壮苗、减少病害发生的重要措施。

（6）苗期管理 辣椒苗期对温度要求比较严格，秋季育苗时，齐苗后苗床温度原则上要比齐苗前低 3～5℃，即齐苗后 4～5 天，通过覆盖遮阳网、喷水等调控措施，使苗床温度适当降低，以防幼苗徒长。一般白天保持在 23～25℃，夜间维持在 15～17℃，4～5 天后，苗床白天保持在 25～28℃，夜间维持在 15～20℃。辣椒在茄果类蔬菜中属于耐弱光蔬菜，夏季辣椒育苗，必须采用遮阳网遮阳育苗。遮阳网一般晴天上午 9～10 时盖上遮阳，下午 4～5 时揭去，让秧苗见光。阴天和夜间不需加盖遮阳网。

辣椒秋季育苗，苗龄只有 30 天，因此一般不需分苗。为了确保辣椒秧苗在苗床里有足够的营养面积，当幼苗子叶平展以后，要及时进行间苗，将拥挤的双棵和长势不良的弱苗进行清理，结合间苗拔除杂草，减少田间养分损耗。辣椒苗生长到 20 天左右时进行定苗，苗距保持 6～8 厘米。

定植前 5～7 天要视苗情及时追肥和喷药，做到带肥带药定植，以利辣椒定植后健壮生长。对于生长过旺的苗，可采取遮阴降温、控水等措施控制幼苗营养生长，同时可喷 0.2%磷酸二氢钾或过磷酸钙浸出液，以改善幼苗代谢状况，促进辣椒苗健壮生长。

4. 移栽定植

（1）温室准备　选择三年内没有种植过茄科作物的温室种植，并清除作物及杂草残留物，洗刷温室内支架、温室顶内壁及四周墙面，再用波尔多液全面喷洒消毒。100 平方米地面用甲霜铜 50 克拌成药沙均匀撒施后翻入土中，同时每 100 立方米空间用百菌清烟雾剂和硫黄粉各 50 克点燃熏蒸，然后密闭温室 24 小时。

（2）整地施肥　肥料是辣椒高产的物质基础，在移栽前要结合整地施足基肥，亩施用优质农家肥 5000～6000 千克，磷酸二铵 20～30 千克，过磷酸钙 20～30 千克，硝酸铵 10～15 千克，硫酸钾 8～10 千克，将肥料均匀撒施后翻入土中。

温室栽培辣椒以高垄地膜覆盖栽培为好，避免平畦栽培。一般垄高 25～30 厘米，垄面宽 65～70 厘米，垄沟宽 35～40 厘米。选用 110～140 厘米宽幅的地膜覆盖。为了提高控制杂草的效果，最好选用黑色地膜覆盖。

5. 合理密植

当幼苗高 15～20 厘米，有 8～10 片叶，苗龄 30 天左右，80%左右的幼苗现蕾时定植。双株定植每亩 3000 穴，单株每亩 3500～4000 穴。定植应选择在阴天或晴天下午进行，定植时用定植器或铁铲挖口径、深度为 10 厘米左右的定植穴，选择壮苗，去掉营养钵后连同母土一起栽入，使营养土表面与地面基本平齐，边定植边浇透定植水，定植水中可加入 500 倍生物杀菌剂，预防疫病和根腐病等。然后覆土封好膜孔。缓苗前检查幼苗成活情况，发现死株及时补栽；缓苗后拔除多余幼苗，每穴保苗 2 株。

6. 加强生长期管理

（1）温度管理　辣椒不同生长阶段对温度的要求是不一样的，生产中应根据不同的生长时期进行变温管理，以保证植株健壮生长，正常坐果，以利提高产量。在定植后到缓苗期，为加速缓苗，可适当提高温度，白天温度保持在 28～33℃，夜间保持在 20～25℃。缓苗后至开花期，白天温度应保持在 25～30℃，夜间保持在 18～23℃。开花坐果期，为防止落花，提高坐果率，要适当降低温度，白天温度应保持在 25～28℃，夜间保持在 15～18℃。盛花期和盛果期已进入严寒季节，白天温度可保持在20～25℃，夜间应保持在12℃以上。冬季严寒时节或阴天、雪天，在温室内温度低于10℃时，最好采用电暖器或储热袋、土暖气等辅助加热设施进行适当加温。辣椒为喜温蔬菜，在温室栽培时，中后期无须揭膜，适当增大通风量即可。

（2）光照管理　辣椒在强光照射下植株生长健壮。温室栽培时，由于棚膜对光的反射，一般温室内光照不良，加之秋冬季日照时间变短，因而生产中易出现光照不足现象，影响植株光合作用的进行，导致光合产物积累不足，不利于产量的提高。在生产中要加强光照管理，应重点抓好两方面的工作：一是提高透光率。旧膜更换新膜，并选用透光率高、不易产生静电、耐老化、不易吸尘、形成水滴较少的醋酸乙烯薄膜。秋冬及早春季节光照强度较弱，为了保证光照条件，应每天清扫（半月清洗、刮风后及时清洗）膜面，提高透光率。二是在不影响保温的前提下，适当早揭晚盖草帘或保温被，尽量延长光照时间。有条件的可用日光灯照射进行补光。

（3）肥水管理　辣椒根系较浅，既不耐旱又不耐涝，浇水应按少量多次的原则进行。有条件的要尽量采用滴灌等比较先进的灌溉方法，绝对禁止大水漫灌。定植时浇水不要太多，过4～5天后，浇1次缓苗水即可蹲苗。缓苗后到门椒采收前一般不轻易浇水，否则容易落花落果。待第1层果实开始采收到盛果期结束，此期需水量较大，可10～15天浇水1次。浇水前先将水引入温室蓄水池预热7天，待水温与温室地温相当时再浇。辣椒喜肥、耐肥，所以追肥对产量的形成十分重要。追肥时应多追农家肥，增施磷钾肥，以利产量和果实品质的提高。追肥应结合灌水进行，一般每灌1次水施1次肥，每次每亩施用充分腐熟人粪尿500千克左右或碳酸铵15千克左右、硝酸铵10千克左右、硫酸钾5千克左右。追肥前先将所需肥料溶于池水中，搅拌均匀后随水施入。

（4）植株调整　日光温室秋冬茬栽培辣椒，在结椒期光照时间短，温室内光照强度弱，而生长前期温度高，植株生长旺盛，株体高大，枝条易折，为作业方便和便于通风透光，要进行适当整枝。辣椒整枝要有选择性，坚持去内不去外、去老不去新、去弱不去强的原则，重点去除内膛枝，保留植株外侧强枝。去除内膛枝、植株下部老叶、病叶、黄叶和残叶、细弱的主枝，避免植株间郁闭，使田间通风透光良好，从而减少养分消耗，保证植株正常生长。一般头茬果坐好后，应将主枝上未结果的旺长枝疏除，结果枝只疏除内膛造成郁闭的侧枝即可，外围结果侧枝则应留下，等到果实摘除后再除去。同时可用聚丙烯绳或竹竿在畦垄外侧水平固定植株以防止倒伏。10月下旬以后，随着气温降低，枝上的花已不能长成商品果，可进行摘心，以减少养分消耗，促使中下部果实发育。摘心时间不能晚于11月中旬，一般每株保留6～8果。

（5）化学调控　由于秋冬茬辣椒生长前期温度高，植株易徒长，可在进入开花期后，喷施1～2次助壮素或多效唑等植物生长调节剂。

（6）挂株保鲜，延期销售，提高效益　秋冬茬辣椒定植后，一般经过50～60天果实即可上市。由于此期露地辣椒仍有销售，导致辣椒价格较低，不利于生产效益的提高，可将长成的辣椒留在植株上，管理中不需再浇水、追肥，每天苫帘晚盖早揭，保持室内温度不低于5～8℃，使辣椒果实不致受冻，等市场行情好转后，适时集中采收上市。

（7）加强病虫害防治　秋冬茬温室生产辣椒时，发生的主要病虫害有病毒病、疫病、炭疽病、灰霉病、蚜虫等，管理上要加强通风，降低室内湿度，改善室内光照，尽可能地创造适宜辣椒生长的环境条件，提高辣椒的抗病能力，抑制病害的发生，减轻危害。病虫害防治应抓住关键时期用药，以提高防治效果。

① 疫病防治　定植前用25%甲霜灵进行土壤喷洒；盛花期和盛果期分别根施1次4%疫病灵颗粒剂进行早期预防，每穴用量2克，间隔期30天左右；发病初期用45%百菌清烟雾剂熏蒸；中后期可用25%瑞毒霉800～1000倍液或75%百菌清600倍液、70%代森锰锌500倍液喷雾防治。

② 炭疽病防治　播前用温水浸种（方法同前）预防；发病初期叶面喷洒70%甲基托布津800倍液或75%百菌清600倍液、50%多菌灵500倍液、80%炭疽福美可湿性粉剂800倍液防治，7～10天喷施1次，连喷2～3次。

③ 病毒病防治　播前用药剂浸种（方法同前）预防；植株生长期间及时防治蚜虫；发病期用1.5%植病灵Ⅱ号1000倍液或5%菌毒清500倍液、20%病毒A 500倍液、20%病毒灵500倍液、20%病毒克星500倍液等喷雾防治。

④ 灰霉病防治　可用50%速克灵600倍液或50%扑海因600倍液防治。

⑤ 蚜虫防治　初发阶段可选用2.5%溴氰菊酯乳剂2000～3000倍液或20%速灭杀丁2000～3000倍液、2.5%除虫菊酯3000～4000倍液等喷雾防治。

⑥ 白粉虱防治　育苗、定植前彻底熏杀温室内残余虫口；发生初期用黄色板涂上机油，悬挂于温室内植株上方诱杀成虫；虫口密度较低时，选用2.5%天王星乳剂1500～2500倍液、25%扑虱灵可湿性粉剂1500～2500倍液或以上防蚜药剂及时喷雾防治。

7. 辣椒落花落果的防治

温室辣椒生产中出现落花落果的原因有：

① 温度低、光照不足　这种现象多出现在深冬季节，因辣椒开花期的最适宜温度为25～28℃，当温度下降到15℃以下时，花粉的发芽不良；下降至10℃以下时，花粉不能发芽生长，导致受精不良，大量落花。同时，低温阴天日照不足，有时会长期寡照，有机物无法通过正常的光合作用产生，花朵发育不良而出现落花落果。另外，低温雨雪天气温室内空气湿度较大，易使花粉粒膨胀过度而破裂，失去授粉能力，导致出现落花。

② 高温、浇水不及时　辣椒开花结果期需水较多，如果土壤缺墒，湿度过小，特别是由湿润转干或植株短时间内失水过多，生长不良，花粉失水不育而引起落花落果。另外，当空气相对湿度过低时，花朵柱头和花粉会很快干缩，花粉不能在柱头上发芽生长而导致落花。在温室栽培时如放风不及时，中午气温有的高达35～40℃，甚至超过40℃，造成高温灼伤，花粉败育，花朵萎缩而落花。

③ 植株生长营养不良　辣椒进入花果期后，开花、花蕾形成、坐果和果实生长发育等对各种养分的需求达到高峰，此时若养分供应不足会出现落花落果。营养不良还会影响到花器官及果实的正常发育，如出现花粉小、花柱细长不均，致使花朵不能正常授粉而脱落。

根据陇东经验，防止辣椒落花落果的有效措施有：

① 做好育苗管理　培育壮苗移栽，增强植株的抗逆性。

② 加强环境管理　冬春季防低温，适时灌水，保持地面干爽，高温时进行叶面喷雾以降温护花保果，防止高温危害。

③ 加强肥水管理　花果期后及时合理施肥，确保各种养分均衡供应。采用配方施肥技术，防止偏施氮肥；浇水要小水勤浇，避免大水漫灌或积水，保证水、气、肥、温的协调。以叶面喷肥为好，如坐果期喷施0.3%磷酸二氢钾。

④ 及时进行化学调控　目前较为有效的药剂是2,4-D。2,4-D使用浓度为10～20毫克/千克，温度高时浸花或喷花浓度稍低，反之稍高，但要防止出现药害。

8. 适期采收

温室栽培辣椒应在果实充分膨大、辣椒风味变浓时采收，以利产量和品质的提高。采收过早，果实尚未充分膨大，且辣味较淡，既影响产量也影响品质，不利于生产效益的提高。

三、日光温室茄子一大茬丰产栽培技术

茄子栽培时对环境要求较严，生长期长，管理难度大，生产中进行反季节栽

培，可采用夏季育苗，秋季栽植，冬春季生产，进行跨季节长周期栽培，以提高产量，提升温室生产效益。茄子温室栽培（图 5-2）要点如下。

图 5-2 茄子温室栽培

1. 种植季节安排

茄子采用温室进行一大茬栽培时，多采用嫁接栽培法。一般于 6 月上中旬播种砧木，7 月上中旬播种栽培品种，8 月初嫁接，9 月上中旬定植，11 月开始采收，采收期可一直延续到“五一”前后。

2. 品种选择

温室栽培茄子的选择既要注意适应温室生产特点，又要满足人们消费习惯，对品种要求较严。所选择的品种要植株生长健壮、抗逆性强、丰产性好，果形、皮色等尽量要符合市场要求。生产中广泛应用的品种有兰杂 3 号、兰杂 4 号、辽茄 1 号、辽茄 5 号、安德烈、布利塔等。

3. 嫁接育苗

选择抗病能力强的托鲁巴姆茄作砧木，进行嫁接育苗，可有效克服连作障碍，而且其根系强大，吸收能力强，植株生长旺盛，可延长生长期，提高产量。

在 6 月上中旬，选晴朗天气晒种 2～3 天，然后用 55℃温水浸种 12 分钟，浸种过程中要不停地搅动，后捞出种子，再置于 100～200 毫克/升赤霉素溶液中浸泡 36 小时，后用清水冲洗干净种子表面药液，放入清水中浸泡 12 小时，捞出种子，在 32℃条件下催芽 16 小时，然后用凉水淘洗，再在 16℃条件下催芽 8 小时，这样反复进行，7～8 天种子露白后播种。

一般采用营养钵育苗法，用6份非种植茄科的田园土与4份充分腐熟的农家肥配制营养土，每立方米营养土中加入磷酸二铵2千克左右，将肥、土充分混匀，装入直径大于10厘米、高10厘米以上的营养钵中。将营养钵整齐地排放在苗床中，浇透水，每个营养钵点播2～3粒种子，覆土0.5厘米左右。之后搭建小拱棚，上覆遮阳网遮光降温。当苗床中75%的种子顶土出苗时通风排湿，防止猝倒病发生。长出真叶后，保持床土见干见湿。齐苗后间苗，有3～4片真叶时分苗，将多余的砧木幼苗集中分到一个苗床中。接穗在砧木苗播种后25～30天播种。

当砧木长到7～8片真叶、接穗长到4～5片真叶时进行嫁接，通常采用劈接法。接穗保留上部3片真叶，在第3片真叶下0.5～1厘米处斜切出长1.2～1.5厘米的楔形面；砧木保留下部6～8厘米平切（最好保留1片真叶），然后在砧木断面中间向下竖切1.2～1.5厘米，将接穗插入，对齐一面形成层，用嫁接夹固定好。将嫁接好的幼苗立即移入拱棚内，并给营养钵浇适量水，接满一床后给苗床浇大水，水深以没过多半营养钵高度为宜。接后3天内要密闭小拱棚并遮阳，空气相对湿度保持在95%以上，白天温度保持在25～30℃，夜间保持在20～22℃；3天后降温，白天保持在23～28℃，夜间保持在17～20℃，早晚要逐渐见光，进行炼苗，8～10天后去掉小拱棚。

4. 定植

9月上中旬选择前茬种植过瓜类、豆类、葱蒜类作物的温室进行定植，定植前认真清理前茬作物残体，对温室进行整地，结合整地亩施入充分腐熟优质农家肥5000～8000千克，磷酸二铵50千克，高钾型复合肥30千克，将肥料均匀撒施地表，然后用微型旋耕机耕旋两遍，起高20～25厘米、宽70厘米的垄，保持垄间距80厘米，在垄中间压滴灌管，然后覆黑色地膜。在垄上按株距50厘米的标准打穴栽植，每亩栽植1700～1900株，栽时保持嫁接口高于垄面3～5厘米，防止接穗发生不定根。栽后及时浇水，待水渗下后，用行间细土封口。

5. 栽植后管理

栽后5～7天内要保持较高温度，以利缓苗。白天室内温度保持在26～32℃，夜间保持在18～20℃，缓苗后要进行变温管理，上午温度保持在26～30℃，下午保持在21～26℃，前半夜保持在15～21℃，后半夜保持在12～15℃，以保持植株健壮生长，以及花芽分化的顺利进行。进入开花结果期后，白天最高温度控制在32℃以内，当室温降到7℃时，要采用临时加温措施，防止冻害发生。

茄子为喜光作物，温室栽培时，在满足植株生长结果要求的前提下，苫盖物要尽量早揭晚盖，以延长光照时间。冬春季光照时间短，可进行人工补光，每天早、晚用白炽灯补光1～2小时，以增加光合产物积累，促进产量提高。

茄子温室一大茬栽培时，生长期长，产量高，生产中要加强肥水管理，防止植株早衰，提高结实能力。由于茄子定植时地温较高，定植时一定要浇透水，定植后一周视土壤墒情浇缓苗水。门茄坐住后，需肥量增加，可结合浇水进行追肥，每亩施高氮型复合肥25千克左右，将肥料加入滴灌水中，随水施入根际，实现肥水一体化，降低劳动强度，提高肥料利用率。以后每采收一茬果，随水施一次肥，每次施高氮复合肥25～30千克，保证植株健壮生长，提高结实能力。

茄子的分枝和结果习性很有规律：茄子为假双杈分枝，主茎长到一定节位时顶芽变为花芽，同时下面相邻两个侧芽生成一对长势均衡的杈枝，以后每隔2～3叶又生一花、分枝一次，这样，自下而上呈现有层次的双杈分枝，各层分枝数成倍递增，即一层2枝，二层4枝，三层8枝，四层16枝，依次类推，每个分杈处上方着生一个花序，所结果实分别称为门茄、对茄、四门斗、八面风、满天星。在温室栽培中，要加强植株调节，合理调配养分，促进丰产优质。通常采用双干整枝，在自然分枝的基础上，保留门茄、对茄、四门斗、满天星等部位的双杈分枝，把门茄大杈下部的侧枝和上部以后所发的内膛小枝全部分期分批掰掉，基部老叶边黄边摘，以减少老叶与上部幼果争夺养分。

温室栽培茄子时，由于传粉媒介缺失，坐果率较低，要加强保花保果，以促进产量提高。一般在开花前1～2天用30～40毫克/升的2,4-D或50毫克/升的防落素涂抹花萼和果柄，促进坐果。

6. 防治病虫害

温室一大茬栽培茄子，易发生灰霉病、白粉虱、斑潜蝇、红蜘蛛等危害，影响产量的形成，生产中应加强防治。

温室病虫害防治应采用综合措施，除通过增施肥水，控制结果量，提高植株抗性，强化温室环境管理，抑制病害发生外，还应注意适期对症用药，控制危害。一般灰霉病可在发病初期喷50%速克灵1000倍液或50%农利灵1000倍液等药剂防治；红蜘蛛发生时可喷15%哒螨灵2000倍液或73%克螨特乳油2000倍液等药剂防治；白粉虱、斑潜蝇发生时可喷1.8%阿维菌素乳油2000倍液或2.5%菜蝇杀乳油1600倍液防治。

7. 采收

一般于花后25～30天，茄子果实膨大生长的新生部位主要靠近萼片周围一圈，其色发白，当果实充分膨大达到商品成熟度时，这个浅色圈随之消失，即可采收。门茄和对茄要适当早采，以免引起坠秧，影响上层开花结果。以后当果实长到0.2～0.4千克，达到商品果时采收。采收时用剪刀剪断果柄，不要用手硬摘，防止伤及植株，影响以后结果。

8. 平茬再生栽培

利用茄子植株具有再生能力的特性，在采收结束时，将进入衰老期的茄子植株上部枝条剪去，促其萌生新枝并开花结果的栽培措施为再生栽培法。这种方法利用植株已有的发达根系，具有见效快、采收期长、产量高、投入少、效益好的优点，可实现一次定植多茬生产。

一般温室栽培的茄子在6月中下旬采收结束后，每7～10天浇一次大水，于7月中旬至8月初进行平茬，一般在植株中部选留再生枝，通常在主枝分杈以上，距垄面30～40厘米处剪断，每个侧芽处会萌发3～4个枝条，选留一个长势好的萌发枝，及时抹除其余的枝，所萌发出的新枝生长势强、生长快，再生枝上的花蕾质量好，结果早，坐果率高。另外，植株上部的光照条件较好，有利于果实生长，着色好，所结果实品质优。

平茬后要加强栽培管理，以利产量提高。重点应抓好以下管理措施的落实：

（1）强化肥水管理，保障物质供给，促进产量提高　茄子平茬后要及时浇水，并结合浇水每亩冲施复合肥50千克或尿素10～15千克，浇水后中耕松土，以促进侧枝萌发生长。在开花结果前注意少浇水，不追肥，1个月后植株再次开花结果，开始加强肥水供给，一般每隔10～15天浇一次水，每次每亩随水冲施尿素10～15千克或磷酸二铵10千克，共追肥3～4次，并用0.3%～0.5%磷酸二氢钾进行叶面追肥，防止植株早衰。

（2）中耕培土　平茬修剪后，为促使植株加快萌发新芽，生发新侧枝，要及时进行中耕松土，培地施肥，在垄沟中施肥，每亩施氮磷钾三元复合肥50千克或磷酸二铵20～30千克，然后灌水。

（3）花果管理　茄子开花前后1～2天，用毛笔蘸30～40毫克/升2,4-D或防落素涂花柄，或将上述药剂装入小喷壶中喷花，以防止落花和畸形果的出现。

（4）改善光照条件，提高产量和品质　茄子膨大期在温室内悬挂反光幕或将后墙涂白，并清洁棚膜上的灰尘，早揭晚盖苫盖物，延长温室内光照时间，加强温室防寒保暖措施，增加温室内光照和温度，以利于茄子着色和生长，提高产量和品质。

(5) 整枝吊蔓　进行双干整枝，及时摘掉门茄促进上部茄果的生长，对茄形成后摘心，每株留 3～4 个果，以保证单果质量，及时摘除多余果、畸形果、小果和烂果，同时摘除门茄以下的枝叶。由于不同再生枝发生的时间早晚不同，植株高度也不相同，应根据植株的生长情况整枝摘叶，及时用线绳吊秧，保持田间植株生长整齐。

(6) 适时采收　从开花到采收一般为 20～25 天，过早采收产量低，过晚采收则果实口感不佳。应在萼片与果实相连处的白色环状带（茄眼）较宽时采收，这样不仅上市早，品质佳，增加前期产量和经济效益，而且有利于后期各档幼果的生长和发育，提高总产量。

(7) 病虫害防治　茄子平茬栽培，由于茄子连茬生产，病虫害发生较严重，生产中要加强防治，以降低病虫害对产量的影响。病害可采用喷药和烟剂熏防相结合的方法进行防治，打药最好在晴天 18 时以后进行，每隔 7～10 天打药一次，每次打完药后，在晚上将棚膜密闭，用烟剂进行熏治，连续打药和熏烟 3～4 次，可有效控制病害的发生。虫害以白粉虱、蚜虫、红蜘蛛、潜叶蛾等为主，一般田间发现白粉虱危害时可喷 1500 倍液 20%啶虫脒防治；田间有蚜虫危害时可喷 1000 倍液 10%吡虫啉防治；有红蜘蛛危害时可喷 4000 倍液 5%阿维菌素防治；有潜叶蛾危害时可喷 1500 倍液 25%斑潜净乳油防治。

四、日光温室秋冬茬西红柿栽培技术

利用日光温室秋冬茬栽培西红柿（图 5-3），主要供应国庆至春节蔬菜淡季市场，销量大，售价高，生产效益好。但生产季处于一年中的低温弱光期，栽培管理难度较大，其栽培要点如下。

1. 种植季节安排

一般于 8 月上中旬播种，9 月上中旬移栽，10 月初开始采收，一直可延续到来年 3 月。

2. 品种选择

秋冬茬西红柿生长季气温由高变低，光照强度由强变弱，光照时间由长变短，环境不利于植株生长，而有利于病害发生。生产中对品种选择要求严格，应注意选择耐热、抗寒、抗病、丰产、优质的品种栽培。生产中普遍应用的品种有毛粉 802、佳粉 2 号、佳粉 10 号、西粉 3 号、金棚 8 号、金棚 11 号、欧斯特、中研 968、粉迪尼等。

图 5-3 温室栽培西红柿

3. 播种育苗

秋冬茬西红柿育苗期正值高温期，易发生徒长、病毒病、蚜虫危害，要强化管理，以培育壮苗。育苗时应注意以下事项：

（1）浸种催芽 于播种前 4～5 天，晒种 1～2 天，然后将种子放在 55℃左右的温水中烫泡 15～20 分钟，烫种过程中不停搅拌，水温降至 30℃后，停止搅拌，再浸泡 12 小时后捞出种子，包于湿毛巾中，在 25～30℃条件下催芽，催芽过程中每天淋水一次，保持毛巾湿润，4～5 天种子露白后待播。

（2）采用大穴盘或营养钵育苗 用 6 份未栽培茄科作物的田园土与 4 份充分腐熟农家肥配制营养土，每立方米营养土中加磷酸二铵 2～3 千克，将肥土充分混匀，装穴盘或钵，穴盘一般采用 50 穴的，营养钵直径应大于 10 厘米，高度在 10 厘米以上，穴盘或营养钵装好营养土后，整齐地排布在苗床中，浇透水，水渗下后播种，每穴或钵中点播 2 粒，播后覆土 1 厘米左右。然后用地膜将苗床盖严保湿。

（3）遮阳育苗 秋冬茬苗期温度高，光照强，极易徒长，可采用拱棚上覆盖遮阳网的方法降低苗床温度，避免强光照射，促进幼苗健壮生长。苗期一般不施肥，控制浇水量，天旱时可用水壶洒水补水，防止苗床水分含量过高，出现徒长现象，大雨天在棚上盖膜，控制苗床进水量。

（4）加强环境调控 在播种到子叶顶土期间，温度保持在 20～30℃，出苗后白天温度控制在 20～25℃，夜间控制在 15～18℃，子叶展平后，白天温度控制在25～28℃，夜间控制在12～16℃。子叶露出地面后，要控制苗床浇水量，保证苗床见干见湿。有4～5片真叶后，逐渐去除遮阳网，让幼苗适应环境。

（5）防病虫害　秋冬茬西红柿育苗时，温度高，蚜虫发生率高，病毒病发生严重，降雨多、苗床湿度大的情况下，易发生猝倒、立枯现象，在育苗过程中要加强防治。当有猝倒、立枯现象发生时，可用77%可杀得500倍液灌根；田间发现蚜虫为害时，可喷10%吡虫啉2000倍液或1.5%苦参碱500倍液防治；病毒病除强化蚜虫防治，以切断传播途径外，在发病初期，可用20%病毒A500倍液或3.85%病毒必克可湿性粉剂500倍液喷防，控制危害。

4. 定植

（1）温室准备　选择种植过葱蒜类、豆类或瓜类作物的温室定植，定植前要及时清理前茬作物残体及杂草，对温室土壤进行耕翻，结合耕翻施肥，以创造疏松肥沃的土壤条件，为丰产打好基础。一般需亩施充分腐熟农家肥5000千克以上或商品有机肥500千克以上，高钾型复合肥35千克以上，将肥料均匀撒施地表，用微型旋耕机耕旋两遍，旋深25厘米以上，然后按60厘米间距，起宽80厘米、高15厘米的垄，保持垄顶宽65厘米左右。

（2）栽植　在阴天或晴天傍晚栽植，每垄栽2行，株距30厘米左右，每亩栽植3000株左右，栽时先打孔，再放入幼苗，浇定植水，待水渗完后用行间土封口。定植后及时铺设滴灌带，每行铺1条毛管，管铺好后用黑色地膜覆盖，划膜掏苗，将膜紧绷于垄上。

5. 栽后管理

（1）环境调控　栽后及时在温室上覆盖遮阳网，风口处悬挂防虫网，降温防晒防虫，以利缓苗。9月份气温下降，注意适期扣棚，在扣棚初期，要注意通风，防止高温危害，可打开上、下通风口，保持室内温度白天在25～30℃，夜间15～18℃，随着温度下降，要逐渐缩小通风口，至10月份除白天通风外，夜间应封闭棚室，并加盖苫帘，保持植株生长发育和结果的正常进行。

（2）肥水管理　栽后一周左右，幼苗开始生长，注意适当控水控氮，进行蹲苗，20天后结束蹲苗。在第1穗果坐住后，需肥量增加，要注意及时补肥补水，保障物质供给，每亩施水溶性有机肥300千克或高钾型复合肥15千克左右，以后每采一茬果施一次肥，每次每亩施高钾型复合肥20千克左右，施肥后补水，保证植株健壮生长，防止出现早衰现象。温室生产需水量大，要根据土壤墒情，灵活掌握供水时期，全生育期浇水应在12～13次。

（3）枝蔓管理　秋冬茬西红柿生产中，要强化枝蔓管理，保证田间通风透光性良好，以利高产优质。通常采用单干整枝的方式，在苗高 30 厘米左右时开始吊蔓，结合吊蔓进行整枝打杈。

（4）花果管理　西红柿秋延后栽培，果实成熟越迟，市场上果实越少，售价越高，效益越好，因而应控制前期结果。一般第 1 穗果不留或少留，第 4 穗果后，温度低，坐果困难，因而秋延后栽培主要以第 2～4 穗果结果为主，在第 4 穗果坐住后进行摘心，实行限长栽培。秋冬茬栽培时，室内授粉多不良，可采用 20～25 毫克/千克的番茄灵喷花，以提高坐果率。

6. 病虫害防治

秋延后西红柿生产中，前期易发生病毒病、疫病、蚜虫、白粉虱等危害，导致植株生长受阻，影响产量提高，生产中应加强防治，控制危害。

病毒病防治时应注意控制蚜虫，切断病毒传播途径，控制危害，田间有蚜虫危害时可用 1.5%苦参碱 500 倍液或 3%啶虫脒 3000 倍液、10%吡虫啉 2000 倍液喷防。在病毒病发病初期，用 5%菌毒清水剂 300 倍液或 2%宁南霉素水剂 200 倍液喷防。疫病发病初期可喷 25%甲霜灵 600～800 倍液或 58%甲霜灵・锰锌 600～800 倍液防治。白粉虱发生时可喷 25%噻嗪酮可湿性粉剂 1000～1500 倍液防治。

五、温室秋冬茬黄瓜栽培技术

温室秋冬茬延后栽培黄瓜（图 5-4）一般于 9 月播种育苗，10 月定植。其管理要点如下。

1. 品种选择

温室秋冬茬生产黄瓜一般采用嫁接苗，砧木为黑籽南瓜，接穗品种要选择耐低温弱光、耐高温高湿且抗病性强的品种，像津优系列、中农 9 号等。

2. 育苗要点

育苗可延长生长时间，促进早结果，是早产、丰产、高产的关键措施。由于黄瓜根系受损后不易恢复，因而黄瓜在育苗时应掌握苗龄不宜太大，而且要保护好根系，一般在育苗时要掌握以下要点：

（1）床土要肥沃　苗床土一般选五年内没有种过瓜类作物的田园土与灰粪按 7∶3 的比例配制，在每立方米营养土中加普通过磷酸钙 2～3 千克，尿素 0.5 千克或磷酸二铵 1.5～2 千克。

图 5-4　温室秋冬茬延后栽培黄瓜

（2）防病虫害

① 床土处理　每立方米的床土用 18%氨水 0.01 千克喷浇或用 0.5%福尔马林药液喷洒拌匀后泥封 4～5 天，或每立方米床土用 65%代森锌可湿性粉剂 60 克、50%多菌灵可湿性粉剂 40 克均匀搅拌，待药味散尽后使用。

② 育苗温室处理　每 100 立方米空间用锯末加硫黄粉 0.7 千克，密闭燃烧熏蒸一昼夜，也可用 1%福尔马林喷洒全室，3～4 天后通风。

③ 种子处理　温汤浸种，将种子先用冷水浸透，再浸入 52～55℃的温水中 10～15 分钟；药剂浸种，先将种子用清水浸 3～4 小时，再用 1%福尔马林浸种 10～15 分钟取出，用湿布覆盖 2～3 小时或用 0.1%高锰酸钾液浸泡 5 分钟捞出，用清水冲洗干净后晾晒播种。

④ 防沤根、猝倒　土壤湿度过大时，易发生沤根及猝倒现象，在育苗时要控制土壤湿度，以培育壮苗。

（3）育苗方法　秋冬茬温室黄瓜通常采用嫁接育苗法，根据播种方法不同，主要有以下四种方法：

① 营养土块育苗　在育苗床底层铺一层细绵沙，然后铺营养土 8～9 厘米厚，播种当天上午 10 时浇足底水，水渗透后，将营养土块分成 10 厘米见方的小块，每块中央用小木棒扎一小孔，孔深 0.2 厘米左右，种子播种后覆土成馒头状，再筛一层土进行整个覆盖。

② 塑料营养钵育苗　将营养土装入塑料营养钵内，浇底水，然后播种、覆土。

③ 纸筒育苗 利用废报纸做成6～7厘米高的筒灶，装入营养土，排列在育苗床内育苗。

④ 穴盘育苗 育苗穴盘一般选用50孔、72孔的盘，选用符合标准的无土育苗基质草炭和珍珠岩，用蛭石覆盖。营养土配制方法：草炭和珍珠岩按体积比3∶2混合，1立方米混合料加入200克50%多菌灵充分拌匀，确保营养基质通透性、保温性、保肥保水性优良，以有利于幼苗根系生长发育，培育壮苗。

穴盘育苗时，每个穴点1粒催好芽的种子，播种后覆蛭石1厘米左右。

(4) 适期播种 黄瓜苗期需35～45天，可根据产品上市时间确定相应的播种时间。秋冬茬栽培时，多在9月份播种，之后温度开始下降，幼苗生长缓慢，苗期较长。通常黑籽南瓜砧木需提前播种3～4天。

(5) 苗床管理 在砧木苗子叶完全展平，第一片真叶展开，黄瓜子叶已经充分展开时进行嫁接。采用插接法进行嫁接，嫁接后的头3天，白天温度保持在25～30℃，夜间17～20℃。保持环境空气相对湿度95%左右，以培育壮苗，促使幼苗生长均匀。3天后降低温度，逐渐增加光照时间，白天保持在23～26℃，夜间保持在17～20℃，空气相对湿度保持在70%～80%。6～7天后从底部开始通风，在定植前7天应将温度控制在白天20～22℃，夜间10～15℃。前期高温时可在苗床上搭遮阳网降温，后期温度低时可在苗床上搭棚膜保温。

(6) 促生雌花 黄瓜雌花分化较早，在第二片真叶出现时，雌花即开始分化，如有条件，在第二片真叶出现时应创造低温、短日照的环境条件，掌握白天温度在23～25℃，夜间13～15℃，日照时数控制在8小时左右，以促进雌花分化，利于高产。

3. 定植

(1) 定植前准备 要精细整地，增施有机肥。栽培黄瓜的土壤要进行深翻，一般活土层厚应在23厘米以上，土壤要充分熟化。黄瓜产量高，需肥量大，底肥需亩施有机肥5000千克以上，普通过磷酸钙50～55千克，油渣15千克。

(2) 合理密植 黄瓜一般采用宽窄行垄作，有利于通风透光和管理。垄宽行80厘米，垄间距50厘米，垄高15～20厘米，按照株距30厘米的标准定植(图5-5)，亩定植3500株左右。

4. 适龄定植

黄瓜育苗以三叶一心或二叶一心为适宜定植期，苗龄不可过大，以利缓苗。定植时要严格选根白色、粗壮、须根多，茎短粗，叶片肥厚、颜色浓绿而有光

图 5-5 温室黄瓜定植

泽，株高 10～15 厘米的优质壮苗，淘汰弱小苗、畸形苗、病苗、僵苗、徒长苗，幼苗露坨浅栽，不能深埋，以促进缓苗。定植后要及时浅浇水，以利根系与土壤密接，定植后 3～5 天密闭环境不通风，以提高温度，促进缓苗。

定植后先不要覆盖地膜，因为这时地温不低，浇完缓苗水后，南瓜根系深扎到土壤里面，可增加根系抗寒性。定植 15 天左右配合中耕再进行覆盖地膜。

5. **栽后管理**

（1）浇水　由于黄瓜叶片蒸腾量大，瓜生长迅速，在生长期需水较多，属喜水作物，但不耐涝，因此黄瓜浇水时应小水勤浇。但在不同的生长期，需水量不同，要按黄瓜的需水规律进行浇水。

在幼苗定植到根瓜开始膨大期，浇水不能太多，防止植株徒长和沤根。一般在定植时浇一次定根水，使幼苗土坨和周围栽培床土连在一起，促使根向四周延伸。在新叶开始生长时要控水，中耕松土 2～3 次，防止幼苗徒长。在根瓜出现后浇一次根瓜水，促使根瓜和茎叶生长。结瓜期为了促进黄瓜生长，应 4～6 天浇一次水，浇水要均匀。特别是腰瓜期，要供给足够的水量，在顶瓜期应少浇水。回头瓜出现前要延长浇水间隔时间，以促使根系更新，促生新根。在回头瓜膨大时增加浇水，以提高产量。浇水应尽量在晴天上午进行。

（2）追肥　黄瓜吸收根分布浅，吸收能力弱，生长期肥料应勤施少施，在黄瓜开始吊蔓时每亩施油渣 25 千克左右，在根瓜采收期，每亩施硝酸铵 16～17 千克，在结瓜盛期每采收 2～3 次追肥一次，一般每亩施尿素 5～7.5 千克。一般叶片较薄，叶色淡绿，采收时瓜柄流出的汁液淡时，表现缺肥，应及时补肥，在结瓜后期可叶面喷2～3次0.2%尿素和0.3%磷酸二氢钾混合液，防止植株衰老，延长结果期。

（3）植株调整

① 吊蔓　在黄瓜植株长到7～8叶时开始吊蔓，以塑料绳绑蔓为主。

② 整枝、绑蔓　为了节省养分和水分，在绑蔓时要摘除雄花与卷须，当瓜蔓长到25厘米左右时开始绑蔓，以后每隔3～4叶绑一次，注意保持秧头高低一致，叶片均匀排列整齐，幼瓜摆顺，减少弯瓜。

③ 摘老叶　对于植株下部的老叶、黄叶应及时摘除，以节省养分，改善通风透光条件。

④ 落蔓　黄瓜瓜蔓长到一定高度后要注意落蔓（图5-6），降低瓜蔓高度，以方便管理。

图5-6　黄瓜落蔓

（4）环境条件的控制　在保护地栽培时，由于环境可人为控制，应尽量创造有利于黄瓜生长结果的环境，以利黄瓜产量的提高。秋冬茬黄瓜在定植后保持白天温度在28～30℃，夜间18～20℃，最高不要超过35℃，以利缓苗。缓苗后适当降低温度，进行通风，一般白天温度保持在22～25℃，夜间温度控制在16～18℃。冬季应保证室内最低气温在8℃以上，如室内温度低，可采用加厚苫帘、室内设二膜、建缓冲间等保温措施，以提高室温。

（5）温室栽培黄瓜生产中特殊增产措施的应用

① 人工授粉　黄瓜的花为虫媒花，在保护地栽培时，由于环境中昆虫少，

授粉不足常导致坐果率低，使产量难以提高，因而应加强人工辅助授粉。辅助授粉可采用苗期和结瓜期喷 0.5 毫克/升的三十烷醇二次或放养壁蜂的方法，促进授粉，提高坐瓜率。

② 气体施肥　在保护地栽培中，环境中的二氧化碳浓度对产量的影响较大，仅靠空气中的二氧化碳是不够的，二氧化碳含量不足常影响光合作用的进行，光合产物积累受阻，不利于产量的提高。因而增加保护地环境中二氧化碳的浓度是促进黄瓜产量提高的有效措施之一。黄瓜生产中补充空气中二氧化碳应在根瓜坐住后连续应用，一天中应在早晨揭苫后进行，可采用稀硫酸与碳酸氢铵、稀盐酸与石灰石反应的方法，释放二氧化碳。

③ 增加透光性　保护地栽培中，由于覆盖物透光性差，光照不足，黄瓜茎叶徒长，这是影响产量的主要原因之一，因而在生产中应经常及时地擦洗塑料或玻璃上的灰尘，保持清洁，适当通风，降低温室或大棚中的温度，促进光合作用的顺利进行，进而促进产量的提高。

④ 防衰老　在保护地栽培时，植株生长在高温、光照不足的条件下，会加速植株衰老，导致结果能力降低，因而在生产中应严格控制温度，补充光照，保证植株健壮生长，以促进产量的提高。

（6）采用综合措施防治病虫害　黄瓜病虫害较多，特别是霜霉病、枯萎病、炭疽病、细菌性角斑病、蚜虫，严重影响黄瓜产量和质量，在生产中应采用综合措施，以防治病虫危害，保证产量和质量的提高。采用的主要措施有：

① 选用抗病品种　在目前栽培的黄瓜品种中，津研系列品种、长春密刺、北农 12 号黄瓜等比较抗病。

② 注意轮作倒茬　实行与非瓜类作物 5～10 年的轮作倒茬，以减轻病害的发生。

③ 推行嫁接栽培法　在瓜类作物中黑籽南瓜有较强的抗病性，与黄瓜嫁接有很好的亲和力，可以用嫁接的方法提高栽培黄瓜的抗病力。

④ 改进栽培措施　地要平整、施足底肥，土壤湿度不要过大，保护地栽培时要注意及时通风排湿，保证早晨叶面无结露现象，以恶化发病条件，减轻危害。

⑤ 药剂防治　可用 1∶0.5∶240 的波尔多液或 50％多菌灵可湿性粉剂 800 倍液喷洒，对多种病害有控制作用。

蚜虫可用 40％乐果乳油 3000 倍液或 50％抗蚜威可湿性粉剂 1500～2000 倍液喷防。

六、温室秋冬茬西瓜高效生产注意事项

1. 合理安排种植茬口

秋冬茬西瓜多在 8 月中下旬育苗，9 月中下旬定植，翌年元旦后上市，此时适逢元旦、春节消费高峰期，售价较高，效益较好。

2. 合理选择栽培品种

温室栽培西瓜对品种要求严格，要求耐低温、高温、高湿、弱光，抗性强，以早中熟小中型品种为好。目前生产中表现好的主要有京欣一号、京欣二号、金皇后、绿野 10 号、极早熟小龄童、极早熟蜜龙、庆农 3 号等。

3. 应用嫁接栽培法

温室栽培西瓜由于环境密闭，高温低湿和低温高湿环境交替出现，有利于病害的发生，生产中应推广嫁接栽培法，可选择抗病性强的云南黑籽南瓜作砧木进行嫁接育苗。嫁接育苗时，由于南瓜生长较西瓜快，西瓜应比南瓜提前播种 4～6 天，顶端插接以显出真叶时为适宜嫁接期，靠接时应在子叶期嫁接，嫁接后应将温度控制在白天 22～25℃，夜间 14～16℃，接后 2～3 天不要通风，3 天后适当通风见光，嫁接成活后要及时除去砧木上的萌芽。定植时要适当浅栽，防止接穗下胚轴接触土壤，产生自生根。

4. 实行吊蔓栽培

为了充分利用温室空间，合理密植，可通过吊蔓方式，变植株水平横向生长为纵向生长，提高栽植密度。温室栽培西瓜一般亩栽 1200～1800 株为宜，应在西瓜蔓长 50 厘米时开始吊蔓（图 5-7），以后每 20 厘米绑蔓一次。

5. 足肥适水管理

由于温室西瓜栽培密度较大，单位面积肥水消耗量大，因而应增加肥料的供给量。基肥应保证亩施优质农家肥 7500～10000 千克，过磷酸钙 150 千克，硫酸钾 100 千克，油渣 200 千克；在坐瓜前一般不追肥，当幼瓜长到鸡蛋大小时开始追肥，亩施磷酸二铵 20 千克，硫酸钾 10 千克。在底墒好的情况下，坐瓜前一般不浇水，如缺墒，要小水浇灌，防止土壤湿度过大，造成植株徒长，影响坐瓜；坐瓜后要及时浇水，加速肥料的吸收转化，促进瓜果膨大；采前 10～15 天控水，以利物质积累，提高果实的糖度。

6. 加强枝蔓管理

西瓜枝蔓分生能力极强，温室栽培的密度较大，易造成光照恶化，不利坐

图 5-7　温室西瓜吊蔓

瓜，所以枝蔓管理极为重要。枝蔓管理包括整枝、吊蔓等，整枝应据栽培密度进行，一般栽培越密，整枝留蔓应越稀；栽培密度稀，则可多留蔓。亩栽 1200 株时，可采用双蔓整枝，主蔓向上生长，侧蔓顺地爬行；亩栽 1800 株时，一般采用单蔓整枝，整枝时应充分考虑植株的生长势，长势强的应少留蔓，长势弱的应多留蔓。吊蔓应在主蔓长 50 厘米时开始，绑蔓间距不宜过大，以 20 厘米左右为宜。通过吊蔓、绑蔓，可创造良好的通风透光条件，以利西瓜植株健壮生长，提高结实能力。

7. **加强授粉**

西瓜雌雄同株异花，靠昆虫授粉，温室栽培时，昆虫少，授粉不好，坐瓜率低，因而应加强人工授粉。在每天早晨 6～9 点，将雄花摘下，剥去花瓣，轻点雌花柱头，可提高坐瓜率。当第二雌花开放时，西瓜节间已达 12～16 节，因此在第二雌花开放时要加强授粉，保证西瓜适位坐瓜。

8. **实行大温差管理**

白天高温有利于光合作用的进行，提高植株制造光合产物的能力，增加光合产物积累；夜间低温有利于抑制呼吸作用的进行，减少养分消耗。因而应加大昼夜温差，特别是在瓜果膨大期，白天温度应保持在 28～35℃，夜间温度应控制在 12～18℃，增加果实中的糖分含量。

9. **推广二氧化碳施肥法**

二氧化碳是西瓜植株进行光合作用的原料之一，温室栽培时二氧化碳常贫乏，要注意补充二氧化碳。西瓜补充二氧化碳应在坐瓜后开始，防止补充过早，导致植株旺长，不利坐瓜。每天应以早晨补充为主，可用碳酸氢铵与稀硫酸或石灰石与稀盐酸反应的方法放出二氧化碳，补充温室中的二氧化碳浓度。

10. 加强环境管理

（1）温度管理　在发芽期应将温度控制在28～30℃，幼苗期22～25℃，抽蔓期25～28℃，开花坐瓜期最低温度在15℃以上，昼夜温差在10℃左右，地温在20℃以上，结果期白天温度在30～35℃，夜间温度在12～18℃。

（2）水分管理　发芽期土壤要湿润，含水量为田间最大持水量80％～85％，伸蔓到坐瓜期，要防止水分过大，出现旺长。西瓜膨大期应浇大水，促进产量提高。要经常通风排湿，以降低室内湿度，一般在开花前后要有较大的空气湿度，以利受精和坐瓜，其他时候空气湿度应控制在60％左右。

（3）光照管理　应从增加光照强度、延长光照时间两方面着手。要及时清扫棚面，保持棚面洁净，以提高透光率。在不受冻害的前提下，保温物应早揭晚盖，以延长光照时间。

七、日光温室秋冬茬西葫芦栽培要点

西葫芦耐寒性较强，适宜于保护地栽培，根据甘肃生产经验，在秋冬茬温室栽培（图5-8）时，采用以下措施有利于产量和效益的提高。

图5-8　西葫芦温室栽培

1. 茬口安排

利用日光温室进行秋冬茬西葫芦生产，一般于 8 月下旬育苗，9 月中旬定植，10 月下旬开始采收，12 月下旬拉秧。生产西葫芦的温室最好在三年内没有种过瓜类作物，前茬以茄果类或叶菜类作物最理想。

2. 品种选择

秋冬茬温室生产西葫芦在品种选择上，应选用耐低温和弱光、适应性强、节间短、易坐瓜、叶片少、株型紧凑、品质优、瓜肉较厚、肉质细嫩、早熟丰产的品种，生产中应用的主要品种有早青一代和阿兰番瓜等。

3. 采用嫁接栽培

西葫芦温室栽培时，由于环境密闭，环境有利于病害的发生，对产量的形成影响较大，生产中多采用嫁接栽培的方法，利用根系发达、耐低温能力强、抗病的云南黑籽南瓜作砧，嫁接栽培品种，嫁接后的西葫芦由于根系庞大，植株生长旺盛，耐寒性、抗病性增强，植株结瓜早而且时间长，产量高。

4. 育苗

西葫芦嫁接栽培，从播种到采收需 65～75 天，播种期要根据上市的早晚确定。由于黑籽南瓜与西葫芦生长节奏不一致，为了便于嫁接，通常黑籽南瓜比西葫芦早播种 2 天。

秋冬茬西葫芦育苗，可采用露地遮阳网覆盖育苗法，育苗床土选择没有种过瓜类蔬菜的田园土与充分腐熟的农家肥按 1∶1 的比例混合，将肥、土充分混匀。最好利用营养钵育苗，营养钵直径应在 8～10 厘米，将营养土装入营养钵，土比钵口约低一指，将装好土的营养钵整齐地排列于苗床中待播。

亩用种量，西葫芦 0.4～0.5 千克，黑籽南瓜 0.5～0.7 千克，西葫芦与黑籽南瓜种子都要进行浸种催芽，播前将种子放在太阳光下曝晒 1～2 天，以提高种子发芽的整齐度。黑籽南瓜选用 0.3%过氧化氢浸种 8 小时，再在室温下晾种 18 小时，洗净种皮后放入 55℃温水中不断搅拌至水温降至 35℃左右时停止，然后浸泡 10～12 小时，搓洗掉种皮黏液后捞出，稍晾后放在用开水烫过的锯末中（所用锯末湿度以手捏成团、指缝不流水为宜，含水量过大会引起烂种），在 28～30℃温度条件下催芽，约 36 小时后开始萌芽。西葫芦催芽与黑籽南瓜基本相同，即用温汤浸种约 6 小时后催芽，当大部分种子露白后即可播种。播前苗床中营养钵排列整齐，然后浇足底水，在钵中央捣一个小孔，每钵播种 1～2 粒，然后覆一层细土，苗床上设支架盖遮阳网。

播种后苗床温度白天保持在25～30℃，夜间保持在18～20℃，温度过高时，可将遮阳网盖上降温，要保持苗床内营养钵土壤湿润，如出现“落干”现象，可在早晨用喷壶洒水，保持营养钵内土壤湿润，使幼苗生长健壮。

当西葫芦幼苗长到两片子叶、一片真叶时，即可进行嫁接，以靠接法为主。嫁接时先将两种苗子取出，持刀片将砧木（黑籽南瓜苗）顶心剔除，从子叶下方1厘米处自上而下切至粗的一半，接穗（西葫芦苗）从子叶下1.5厘米处自下而上斜切至茎粗的一半，然后将砧木和接穗切茬对接，用嫁接夹夹住，立即栽到苗床上。

嫁接苗栽植后要浇透水，浇水时注意不能使水沾到伤口，以防感染，栽后苗床温度保持在25～30℃，以减少呼吸消耗，促进伤口愈合。栽后前3天全天遮光，3天后进行半天遮光，7天后进行全天光照。嫁接10天后，伤口基本愈合，此时可将西葫芦根用手一一捏扁，3天后无萎蔫现象的，用刀片切断西葫芦根。断根5天后，有真叶3～4片即可进行定植。

5. 定植

（1）整地施肥　西葫芦产量高，生长时间短，需肥较多，耐肥力强，定植前要施足肥料，每亩需施用充分腐熟优质农家肥10000千克以上，磷酸二铵50千克左右，硫酸钾50千克左右，将肥料均匀撒施于地表，然后用旋耕机进行耕旋，旋深25～30厘米，使肥料与土壤充分混合。然后按大垄上宽80厘米、小垄上宽60厘米的标准做垄，保持垄沟深18～20厘米，垄顶开10厘米深的暗沟，将垄踩实拍光，以便铺膜和灌水。

（2）定植　在苗龄35天左右时开始定植，定植最好在晴天上午进行，选择有3～4片真叶、茎粗0.4～0.5厘米、苗高10厘米以上、叶色浓绿的壮苗栽植。由于西葫芦的根系和株幅大，好光性强，宜稀植，一般以株距60～70厘米为宜，每亩定植1500～2000株即可。

（3）覆膜　定植后选择晴天下午苗子微蔫时铺盖地膜，先在小垄沟上用细木条插成稍隆起的小拱棚，支起地膜，便于膜下灌水，再将宽幅1.4米的黑膜平放在垄上纵向、横向拉展，对准膜下苗子，用刀片顺垄纵向切口，聚拢叶片掏出苗子，最后膜四周用土固定，用土封口。

6. 定植后管理

（1）温度控制　在幼苗定植后以保温为主，提高温度促进缓苗，白天温度保持在25～30℃，夜间温度保持在15～18℃。缓苗后适当降温，超过25℃时放风，白天温度保持 20～25℃，温度降到 20℃时闭风，15℃时盖草帘，前半夜保持 15～18℃，后半夜控制在 10～13℃，早晨揭帘前温度应在 8～10℃。进入春天，随着气温升高，逐渐加大通风量，延长通风时间，保持适温状态。

（2）肥水管理　缓苗后结合浇水，每亩施磷酸二铵 20 千克，然后适当蹲苗，到根瓜长到 10 厘米长时进行第二次浇水施肥，随水每亩追施尿素 15～20 千克，结果盛期每 7～10 天浇一次水，浇水追肥要据植株的长势进行，追肥最好用氮磷钾（15-15-15）三元复合肥，要坚持“少量多次”的原则，以满足西葫芦生长结瓜的要求，提高产量。

（3）光照管理　秋冬茬西葫芦定植后正处于冬季温度最低、光照最弱的时期，要采取综合措施，尽量改善光照条件，促进产量提高。生产中应用的主要措施有：在西葫芦定植后，在后柱前张挂反光幕，以提高温度和光照强度，促进开花结果；在不影响植株生长结果的前提下，对苫帘要适当早揭晚盖，延长光照时间，即使遇到阴冷下雪天气，若室温不降到 5℃以下，仍要揭帘见光。

（4）花果管理　西葫芦不能单性结实，在温室栽培缺乏传粉昆虫的情况下，需进行人工辅助授粉才能坐瓜。在秋冬季栽培条件下，由于短日照的影响，前期有时只开雌花而无雄花，或雄花很少，以致人工授粉也无保证，需要使用生长激素保花保果。

① 人工授粉　早上 8～9 点，摘下雄花，撕去花冠，将花粉轻抹于开放的雌花的柱头上，一般一朵雄花可授粉 3～4 朵雌花。

② 激素蘸花　秋末冬初和早春每天早晨用中楷毛笔蘸 150 毫克/升的 2,4-D（冬季）或 100 毫克/升的 2,4-D（春季）在刚开雌花的柱头和花冠基部涂抹一圈，蘸药不要太多或太少，蘸一次抹一朵花便能起到保花保果、促进生长的作用。

7. 病虫害防治

温室栽培西葫芦发生的主要病虫害有灰霉病、白粉病、白粉虱等。防治时应采取综合措施，以控制危害。灰霉病发生初期可用 50%速克灵 2000 倍液、50%扑海因 1000～1500 倍液、65%抗霉威 1000～1500 倍液等进行喷防；白粉病在发病初期可用 50%硫黄悬浮剂 250 倍液、12%腈菌唑可湿性粉剂 2000～2500 倍液等进行喷防；白粉虱发生时，可在温室内悬挂黄色粘虫板诱杀，当群体数量大时，可用 3%啶虫脒 2500 倍液喷防。

8. 采收

温室栽培西葫芦以食嫩瓜为主，开花后 10 天即可开始采收。西葫芦生育期短，开花、坐果及幼瓜生长同时交叉进行，养分竞争激烈，特别是生长势弱的根瓜往往长不大，要尽早摘掉，这样有利于后续瓜的生长，根瓜以后所结的瓜，当瓜重量达 300～400 克后，即可采收。

八、日光温室冬季甘蓝节能栽培

甘蓝冬季日光温室节能栽培以防寒、保温、促产为管理的主要内容，其栽培管理要点如下。

1. 品种选择

冬季日光温室栽培甘蓝时应选择冬宝、寒光、晚丰等耐低温、易高产品种，以提高生产效益。

2. 育苗

采用露地育苗法，床土处理、种子处理同春季棚栽，播种时间以 8 月下旬为宜，每亩大田需要苗床 8～10 平方米，用种 50 克左右。育苗时正值高温期，要注意遮阳降温，防止幼苗徒长，以培育壮苗。

3. 定植

要求在 10 月初定植于温室内，定植前整地，每亩施优质农家肥 6000 千克以上，磷酸二铵 50～60 千克，将肥料均匀撒施于地表，然后耕翻，再按株行距 60 厘米×60 厘米的标准，亩定植 2000～2200 株。最好在阴天或傍晚进行移栽，定植后要浇足定植水，待水渗下后用干土将定植穴封严，以防板结。

4. 生长期管理

（1）前期注意降温，中后期保温　由于定植期外界气温较高，要加强通风，当白天温度降到 20～25℃、夜间温度降到 15℃时，应及早盖苫帘保温。

（2）追肥　在缓苗后追施一次速效性氮肥，每亩施尿素 7.5 千克左右；在开始包心时，追施 2～3 次尿素，每次每亩追 10 千克左右。

（3）浇水　冬季节能日光温室栽培甘蓝时，由于定植后气温高，应在定植后 3～5 天浇一次水，以利缓苗，以后采用“见干浇水”的方法，补充土壤水分，促进甘蓝生长。

（4）蹲苗　在缓苗后，植株开始转旺生长时，中耕蹲苗 15～20 天。

（5）除草　冬初温室内杂草生长迅速，易与甘蓝争肥、争水、争空间，应及时将杂草铲除，以利甘蓝生长。

（6）病虫害防治　甘蓝生产中发生普遍的病虫害有菜青虫、蚜虫、霜霉病、软腐病等，生产中应坚持“防早治了”的原则进行防治。菜青虫、蚜虫可用10%吡虫啉1000倍液、40%啶虫·毒乳油1500～2000倍液或5.7%甲维盐乳油2000倍液喷防；霜霉病可用58%甲霜·锰锌可湿性粉剂400～600倍液喷防；软腐病在包心前注意防蚜，以阻断病菌传播途径，发病初期用50%代森铵600～800倍液喷在近地表的叶柄或茎基部，对病株及时拔除，集中深埋，并在病穴中撒入石灰消毒。

九、温室蒜苗高产栽培技术

蒜苗（图5-9）抗寒性强，生长时间短，生产效益高，可在温室中进行高效益栽培。高效益栽培的主要途径是提高产量，提高产量的主要途径如下。

图5-9 蒜苗

1. 适地建造温室

应选择5年内没有种植过葱蒜类作物、地势开阔、周围没有高大建筑物、土质肥沃的地块，于9月下旬至10月初修建温室。为了提高保温性，温室应坐北朝南偏西5°左右，温室在建造时要达到“三厚一深”的标准，即后墙、山墙、后坡要厚，防寒沟要深，具体墙厚达到100厘米，后坡盖秸秆厚度在20厘米以上，防寒沟深、宽各在100厘米以上，沟内填麦衣隔热，提高温室的保温效果。

2. 选用紫皮蒜作蒜种

温室蒜苗可多次收割，其中第一茬蒜苗生长主要依靠蒜瓣贮藏的养分，相比较而言，紫皮蒜蒜瓣少，蒜头大，一般一个蒜头有5～7瓣，而白皮蒜蒜瓣多，蒜头小。紫皮蒜蒜头大、少瓣的特性决定了紫皮蒜的蒜瓣贮藏的养分充足，可在蒜苗开始生长时供给充足的营养，有利于蒜苗健壮生长，所以在进行温室蒜苗生产时应尽可能地选用紫皮蒜作种，以便提高产量。

3. 播前精细整地，施足肥料

大蒜为浅根性作物，在栽培上为了促进根系吸收养分，在播种前应先对土壤进行一次耕翻，结合耕翻，每亩施入充分腐熟的鸡粪2000～2500千克或土杂肥3000～4000千克，然后将地整成1.5～1.8米宽的平畦。

4. 适期播种

紫皮蒜一般在收获后经过70～80天即可打破休眠，露地栽培的大蒜多在7月份收获，因而温室栽培蒜苗时可在10月初开始播种。

5. 合理密植

在生产蒜苗时，一般每亩用蒜种75～125千克，每畦播种5～6行，行距30厘米左右，株距8～10厘米，每亩栽3万～4万株即可，播种过稀，单位面积株数少，不利于产量的提高；播种过密，单位面积株数多，植株生长细弱，也难高产。

6. 创造适宜蒜苗生长的环境条件

温室栽培，人工对环境条件的干预能力大大增强，生产中要充分利用这一有利条件，创造适宜蒜苗生长的环境条件，促进蒜苗生长，提高产量。大蒜适应性强，能在低温、短日照的条件下健壮生长，一般蒜瓣在3～5℃时开始发芽，当温度达到12℃时，发芽速度加快，发芽最适温为20℃，幼苗生长适温为14～20℃。大蒜喜湿，生产中有“要吃蒜，泥里站”的说法，潮湿的土壤环境有利于大蒜根系的健壮生长，可促发数量较多的吸收根，有利于促进地上部的旺长，促进产量的提高。适度的短日照、弱光可促进蒜苗快速生长，所以在温室栽培蒜苗时，应将温度保持在14～20℃，相对湿度控制在85%～90%，为了提高保温效果，对保温被的揭盖，可比其他蔬菜迟揭早盖，以促进蒜苗健壮生长。

另外，温室生产蒜苗时，由于温室内二氧化碳浓度较低，特别是早晨揭苫后，温室空气中的二氧化碳急剧减少，使得光合作用受到抑制，同化产物减少，不利于产量提高。蒜苗生长中不怕徒长现象，所以在蒜苗生产中补充温室空气中的二氧化碳应尽早进行，应在蒜苗高3～5厘米时就开始，在早晨揭苫后，采用稀硫酸与碳酸氢铵反应或稀盐酸与石灰石反应的方法，放出二氧化碳，补充空气中的二氧化碳。在蒜苗生长前期，由于蒜苗小，对二氧化碳的吸收量少，可少补充，而在生长中后期，由于苗大，对二氧化碳的吸收量增加，应增加补充量。

7. 要及时追好脱母肥

在蒜苗生长初期，主要依靠蒜瓣的贮藏营养，大约在苗高 17～18 厘米时，会出现叶发黄现象，表明蒜瓣养分已利用完，蒜苗生长的养分开始从土壤中吸收，因此在此前应及时补肥，保证退母后蒜苗正常生长。退母肥以速效性氮肥为主，每亩以尿素为标准，施用 10～15 千克，撒施后浇水，在地露白后中耕，促进根系生长，壮根养苗，提高蒜苗产量。

8. 一种多收

蒜的茎再生能力强，可利用这种特性，进行多次收获。在蒜苗高 25～30 厘米时，留 3 厘米的茬收割，割后及时补肥，每亩施用充分腐熟的优质农家肥 1500～2000 千克，尿素 7.5～10 千克，施肥后浇水，地露白后中耕，这样大体 30～45 天就可收割一茬蒜苗，一般温室生产时可收割 3～4 茬。

十、温室芹菜丰产栽培措施

芹菜抗逆性强，丰产性好，很适宜温室生产。在温室中生产芹菜（图 5-10），采用以下措施，有利于产量的提高。

图 5-10　温室栽培芹菜

1. 建好温室

温室生产芹菜是进行反季节生产，外界环境对温室生产的制约作用很强，高标准建造温室是保证芹菜丰产的关键。在建造温室时应重点保证温室有良好的采光性和优良的保温性，这就要求温室的方位要适当，一般在甘肃建造温室时多采用坐北朝南偏西 5°～8°的方位，以利采光，并且后屋面仰角要在 40°左右。墙的厚度应大于当地最大冻土层 0.3 米以上，越冷的地方墙体应越厚，后坡厚度应在 40～60 厘米。在温室的前脚外缘应挖深、宽各 100 厘米，长较温室长 20 厘米的防寒沟，在沟内装填麦衣、锯末、草木灰等保温物，以提高保温效果，并且在建造温室时要保证东、南、西三面无遮阴物，光照充足，这是建造温室的关键。

2. 整地施肥

在温室建造好后，每亩施入优质农家肥 5000～6000 千克，过磷酸钙 50 千克，尿素 10～12 千克，将肥料均匀撒施于地表，然后耕翻一遍，耕深 30 厘米左右，最后将地整成 1.5～1.8 米宽的平畦。

3. 选用高产的优质品种

温室生产时可选种丰产性好的意大利冬芹或美国实芹，也可选种实杆绿芹或玻璃脆。一般品种不同，其生产能力相差甚大，有的品种亩产仅 3000～4000 千克，而丰产的品种亩产可达 8500 千克，所以选择高产优质品种是温室芹菜丰产的有效措施。

4. 适期直播

芹菜在栽培时一般采用育苗移栽的方法，但根据生产经验，在温室生产芹菜时，采用直播更具有优越性，有利于产量提高。这主要是由于在温室内地温较低，缓苗较难，直播的没有缓苗期，不进行移栽，不伤根系，因而根系强大，吸收能力强，肥水利用充分，有利于地上部旺盛生长，促进产量提高。在温室中生产芹菜时，一般应在扣棚后 10～15 天直播，陇东一般在 11 月中旬播种为宜，按行距 13 厘米的标准开沟条播，每亩用种量 1 千克左右。在播种前应进行浸种，用 32℃左右的温水浸种 2～3 小时，稍晾晒至种子不黏时播种，墒情好时浅播，墒情差时适当深播，以利全苗。

5. 生长期管理

生长期管理主要包括两个方面的内容，即芹菜苗的管理和温室环境的管理。

（1）芹菜生长期管理要点　在芹菜苗长到 3 片真叶时，按 13 厘米的株距匀苗定苗，及时中耕除草；长到 5 片真叶时开始浇水，经常保持土壤湿润；在叶柄 10 厘米长时开始追肥，每亩追施尿素 7.5 千克左右，在叶柄长 25 厘米左右时再每亩追施尿素 10 千克左右，每次追肥后要及时浇水，以利植株对肥料的吸收利用，促进生长；当叶柄长 40 厘米左右时，及时收获。

（2）温室环境管理要点　在播种初期，由于外界气温较高，温室内温度也高，不利于芹菜生长，要加强通风换气，将温度控制在18～22℃；在进入12月份后，随着外界变冷，要注意保温，适当延迟揭苫时间，在外界气温低时可适当早盖苫，以提高温室中的温度，使温度保持在20℃左右，以利芹菜健壮生长。芹菜为喜湿作物，在栽培过程中，应经常保持土壤湿润。芹菜对光照要求不严，适当的弱光有利于芹菜生长，每天光照时间在6～8小时即可保证芹菜健壮生长。温室空气中的二氧化碳浓度低，常抑制光合作用的进行，不利于产量提高，可在苗高3厘米左右时进行人工补充，例如可通过在温室中悬挂二氧化碳发生器释放二氧化碳，以补充温室中的二氧化碳，促进光合作用的顺利进行，增加光合产物积累，以提高芹菜产量。

6. 采用擗收或割收的方法，多次分批收获，以提高产量

芹菜的叶柄再生能力强，在生产中应充分利用这种特性，采用擗收或割收的方法，以促进产量提高。擗收时，每次每株擗3～4叶，擗收后及时施肥浇水，以促进所留叶生长；割收时应留茬3～5厘米，割后每亩施优质农家肥2000～3000千克，施后及时浇水，以利下茬芹菜快速生长。

十一、日光温室冰菜栽培技术

冰菜（图5-11），指的是广泛分布在非洲、亚洲西部和欧洲的耐瘠薄、耐盐碱、耐寒、产量高的番杏科的“冰叶日中花”，它的特点是叶面和茎上着生有大量大型泡状细胞，里面充满液体，在太阳照射下反射光线，就像冰晶一样，因而得名。冰菜富含氨基酸、胡萝卜素以及钠、钾等矿物质，是高营养价值的蔬菜。其抗性强，种植容易，栽培方法多样，侧枝多，叶肉厚，产量高，以叶片及口感清脆的茎为主要食用器官，味道鲜美，稍有咸味。作为新兴蔬菜，冰菜在我国西北地区日光温室中开始种植。

1. 种前准备

冰菜抗性强，但要进行经济栽培，必须进行科学化管理。在栽培前，对种植地要进行深翻施肥，以创造疏松肥沃的土壤条件，促进产量提高，要求耕深在20～25厘米，结合耕翻土壤，亩施入充分腐熟有机肥4000千克以上或商品有机肥400千克以上，高氮型复合肥30千克左右作底肥，将肥料均匀撒施地表，然后耕翻。

2. 高垄栽培

种植地耕翻整平后，起宽100厘米、高12～15厘米的垄，保持垄间距30厘

图 5-11 冰菜

米左右，垄起好后，垄上覆盖幅宽为 120 厘米的黑色地膜，保墒抑草。

3. 育苗移栽

冰菜生育期短，一般播种后 50～70 天即可采收，温室栽培冰菜时可根据市场需求灵活掌握播种期，可于 9 月底、10 月初分期进行播种育苗。苗床可整成宽 1.2～1.5 米、长按需苗多少而定的畦，苗床内每平方米面积施用商品有机肥 0.8～1 千克，深翻待种。种子在播种前用 20～30℃温水浸种 2～4 小时后，捞出沥干水分，以利播种。播种时条播、点播均可，条播每亩用种 2 千克左右，点播每亩用种 1 千克左右，保持行距在 15 厘米以上，株距在 10 厘米左右。播种后苗床内温度白天保持在 25℃左右，夜间保持在 15℃以上；齐苗后降低温度，白天保持在 20～22℃，夜间保持在 12～15℃。9～10 月份育苗时，要注意保温，夜间育苗温室上要加盖苫盖物，白天中午高温时，要注意通风降温，防止高温危害。一般在播种后 20～40 天，幼苗有 4～5 片真叶时即可定植。定植时对幼苗按大小进行分类，将小苗栽植在靠近温室的南边，大苗栽植在温室的北边，以利幼苗均衡生长。

定植时每垄栽植 4 行，按 40 厘米×30 厘米的株行距挖穴栽植，每亩栽植 3500～4000 株，采用随挖穴、随起苗、随栽植的方法进行，以提高栽植成活率。栽时要保持心叶外露，防止栽植过深出现烂苗现象。栽后及时浇透定植水，以利缓苗，待水渗下后，用垄沟干土封口。

4. 栽后管理

冰菜生长适宜温度为25～30℃，气温低于5℃或高于35℃均会导致植株停止生长，因而在定植后，应将温室内温度白天控制在20～26℃，夜间保持在10～15℃，定植前期晴天中午高温时注意放风防湿，后期夜间要加盖苫盖物保温。缓苗结束后，结合浇水追施一次速效性化肥，以满足植株快速生长的需求，一般每亩施磷酸二铵10千克或高钾型复合肥15～20千克。当植株出现分生侧枝时，进行补水追肥，增加物质供给，促进产量提高，一般可采用肥水一体化施肥法，追施液态有机肥，保证每亩用量在200千克以上，可用追肥枪将肥液追施于植株根部。

冰菜侧枝萌发能力强，尤其在肥水供给充足的情况下，采收细嫩茎尖后，萌发更多。生长过旺时应打掉一部分侧枝，使枝叶分布均匀，通风透光良好。

5. 采收

冰菜要注意适时采收，以保证菜的脆嫩。采收过迟，则侧枝老化，可食性变差，影响品质，一般在定植后25～30天主蔓高20厘米左右时即可开始采收。由于主枝会横向扩散分蘖侧枝，可进行多次采收，每株产量可达2.5～3千克，采收时掐5～10厘米的茎尖为佳。一般7天左右采收一次，每次每亩收获250～350千克，收获后按0.5～1千克的标准捆把。

6. 病虫害防治

冰菜生产中易发生的病虫害主要有枯萎病、炭疽病、小菜蛾等，生产中应注意防治，以控制危害。

枯萎病为土传病害，局部感染后全株受害，病株地上部呈缺水状萎蔫，根部变褐坏死，茎基维管束也变褐。防治时应注意避免施用未腐熟的有机肥，发现病株后及时拔除，防止病害蔓延。田间可用500倍液的77%可杀得灌根，每7天一次，连续灌根2～3次。

炭疽病主要危害叶片，病害发生时叶面上出现圆形或近圆形病斑，淡褐色，边缘褐色，斑面微现轮纹，影响光合作用的进行，不利于产量提高。田间出现症状后，要及时摘除病叶，集中烧毁，减少病源，田间喷施50%多菌灵可湿性粉剂800～1000倍液或10%世高水分散粒剂2000～3000倍液、40%福星乳油8000倍液进行防治。

小菜蛾主要危害叶片，初龄幼虫取食叶肉留下表皮，叶面上有许多透明病斑；3～4龄幼虫开始食心叶或将叶片吃得布满空洞，叶面呈网状。防治时可用

10%吡虫啉1500倍液喷防。

十二、温室秋冬茬苦苣栽培技术

苦苣（图5-12）是近年来日光温室生产中的新菜种之一，由于其抗性强，生长迅速，对环境要求不严，播种期灵活，可根据市场需求分期播种，分批供市。冬季利用日光温室生产苦苣，可丰富蔬菜市场的花色品种。其栽培要点如下。

图5-12 苦苣

1. 整地施肥

苦苣虽然适应性强，但要进行经济栽培，必须创造有利于丰产的环境条件，以利生产效益提高。栽培苦苣应选择地势较高，光照充足，土壤疏松、肥沃，排水良好的地块栽植，在播种前应对土壤进行深翻，结合深翻，亩施入优质农家肥2500～3000千克，磷酸二铵15千克左右，将肥料均匀撒施地表，然后用微型旋耕机耕旋两遍，保持耕深在25厘米左右，耕后耱平，整成宽1米的畦。

2. 播种

根据市场需求在9月中旬至12月下旬分期进行播种，播种时按行距15厘米的标准，开深2厘米左右的沟进行条播，每亩用种量0.3～0.4千克。由于苦苣种子细小，播种时将种子与种子量3倍的细沙拌匀，均匀撒入沟内，覆土0.5～1.5厘米。出苗后长出2～3片真叶时，按3～5厘米的株距间苗，间苗时去弱留强，以提高生产能力。

3. 出苗后管理

从播种到 2 片子叶展开，需要较高的温度，温室内温度白天应保持在 20～27℃，夜间保持在 15～20℃；至第一片真叶长出后，适当降低温度，白天温度控制在 20～25℃，夜间温度控制在 10～15℃，当植株有 3～4 片真叶时，按株距 5～8 厘米的标准间苗定苗。

在幼苗 2 叶 1 心期，生长速度加快，对肥水的需求量增加，要及时补给，以保证植株健壮生长。可每亩施用水溶性有机肥 200 千克左右，视土壤墒情每 7～10 天浇一次水，每次采收后施高氮型复合肥 15 千克左右，施肥后浇水，地露白后结合除草浅锄，以利植株生长。

4. 采收

苦苣以嫩苗食用为主，嫩苗长至有 2～3 片叶时即可采收，采收时注意不要损伤地下芽、茎，以免影响继续生长。苦苣采收要求不严，可根据市场销售情况灵活进行，一般每 10～15 天采收一次。由于苦苣再生能力强，采收时用锋利的小刀在植株基部沿地面割下嫩茎叶，留下母根，以待产生新的芽菜。在管理好的情况下，母根可采收 3～4 茬，每亩可产 300 千克左右。

5. 病虫害防治

苦苣抗病性强，生产中病虫害较少，温室栽培时，易发生霜霉病、白粉病、白粉虱、蚜虫等病虫害，生产中要加强防治，以减轻危害。霜霉病发生初期，可用 75％甲霜铜可湿性粉剂 600 倍液或 72％克露可湿性粉剂 600～800 倍液、68％金雷水分散粒剂 600～800 倍液喷防。白粉病发生初期可用 40％福星乳油 8000 倍液或 10％世高水分散粒剂 2000～3000 倍液喷防。白粉虱和蚜虫的防治要以物理防治为主，可在温室的通风口处铺设 40 目的防虫网，入口处悬挂 40 目的纱网帘，阻止害虫进入温室；在苦苣生长期，每亩悬挂 20 块左右的黄色或蓝色粘虫板，捕杀蚜虫、白粉虱等害虫。当虫害发生后，白粉虱可用 25％扑虱灵可湿性粉剂 2500 倍液或 25％灭螨猛可湿性粉剂 1000～1500 倍液喷防，蚜虫发生时可用 10％吡虫啉 2000 倍液或 5％云菊 1000～1500 倍液喷防。

十三、日光温室豆芽秋冬季栽培技术

1. 栽培畦的建造

栽培豆芽时，在温室内整修宽 1～1.2 米、长根据温室跨度而定的小畦，畦埂宽 0.2 厘米，尽量压实，有条件的可硬化，畦面下挖 4～6 厘米，铲平压实，靠后墙留一条宽0.5米左右的走道。在温室的一头建造1个蓄水池。

2. 种子的选择和处理

温室生产豆芽应选择抗病性强、生长快、纤维含量少、适口性好、营养丰富、对环境适应性强、产出比高的豆类种植。一般黄豆、黑豆、红豆均可进行豆芽生产。

进行豆芽生产的豆类在播种前要进行浸种，根据畦面的实际种植面积，按每平方米2千克左右称出种子，用种子重量1.5倍左右、温度在35～45℃的温水浸泡6～14小时（一般黄豆浸泡6小时左右，红豆/黑豆浸泡12～14小时），在浸泡前，按每10千克种子用1支（2毫升）无根素的比例，将药液倒入水中，搅匀后再倒入种子浸泡，每隔3～4小时搅拌3～5分钟，12小时后，药液差不多被种子吸尽，如果14小时后仍有余水，可捞出种子，沥干种子表面水分，准备播种。

3. 畦床准备

播种前在整好的畦床上铺一层2～3厘米厚的营养土，营养土直接决定产量的高低，因而应细致配制。豆芽菜的耐盐碱性不强，土壤的含盐量要低于0.18%，氯化钠的含量应低于0.03%。在准备营养土时，应选择含有机质多、保水性强、pH值6.5～7的营养土。可用有机质含量高的商品有机肥与非种植过豆类作物的田园土进行配制，一般按照每1000千克田园土中加商品有机肥50千克左右、磷酸二铵3～5千克的标准，将肥料与田园土充分混匀，撒铺畦面，撒后不要踏压，保持土壤的通透性和含氧量，土壤的含水量在50%左右（手握成团，一触即散）。

4. 播种

按每平方米畦面播种2千克左右（按干种子计算）的标准，将处理好的种子均匀撒在畦面上，然后在上面盖一层2～3厘米厚的细沙，沙的含水量也应在50%左右。

5. 种后管理

日光温室生产豆芽时，一般种子需吸收相当于自身重量1.2～1.5倍的水分才能发芽，因而水分管理显得尤其重要。在播种8～10小时种子全部扭嘴后，进行第一次大量洒水，洒水量掌握在种子总重量的8～10倍，以后每天洒水一次。所洒水应取自室内蓄水池，水温应控制在30℃左右。

豆芽生长对地温敏感，萌发时要求室内最低温应在6℃以上，地温应在8℃以上，发育期室温要控制在30～35℃，土壤温度应控制在20～25℃。冬季生产时要注意适时揭盖苫帘，采用小畦上加盖地膜等方法提高畦内温度。由于豆芽生长不喜强光照，生产豆芽的温室苫盖物可适当迟揭早盖，畦面上可用黑色地膜覆盖，一般可在早晨9点后揭开苫帘，下午4点盖严苫帘，以尽量缩小昼夜温差。

播种后30～40小时、豆芽长到1.5～2厘米时，需进行除沙处理。将豆芽上面覆盖的沙子用手抓出，取完沙后再大量洒水，把余沙冲到畦面，使豆芽全部裸露出来，用水量要略大于前次。洒完水30分钟后，喷无根素1次，浓度掌握在1∶（1000～1250）倍。豆芽长到5～6厘米时，要注意控制生长，可喷施增粗剂，每天1次，浓度掌握在1∶1000倍左右。长到8厘米左右时，去掉畦面上的地膜，让豆芽接受阳光，增色增绿。

6. 采收

豆芽长到10厘米以上，子叶匀称、芽梗适中、色泽鲜亮时，可以采收。采前浇一次水，用水量要高于常规用水，以保持豆芽鲜嫩。

十四、日光温室秋冬茬球茎茴香栽培技术

球茎茴香（图5-13）因其叶柄基部的叶鞘变态成肥厚、脆嫩、肉质状，且抱合成球形而得名，是伞形花科茴香的一个变种，它以柔嫩的叶鞘球茎及嫩叶为主要食用器官，具有特殊的辛香味，是一种营养价值较高的新型蔬菜。

图5-13 球茎茴香

由于温室栽培，人们对环境的干预能力增强，球茎茴香可周年进行生产，其中秋冬茬栽培产品上市期可在春节前期，售价高、效益好，近年来成为温室生产

的新宠，很受生产者欢迎。其栽培要点如下。

1. 种植季节安排

秋冬茬温室栽培球茎茴香时，一般在9月中旬至10月中旬播种，10月中旬至11月中旬定植，翌年元月下旬至2月上旬收获。

2. 育苗

按照每亩温室准备25～30平方米育苗床的标准，每平方米苗床施充分腐熟农家肥10千克左右，过磷酸钙30～50克，将肥料均匀撒施苗床，然后浅翻10厘米左右，耙平待播。20～30平方米苗床用种100克左右，将种子用20℃左右的水浸泡24小时，捞出放在20～25℃条件下催芽，待种子露白时播种，将种子与3倍种子量的细沙混匀，均匀撒于苗床，在其上盖一层1厘米左右的细土。

播种后及时关闭风口保温，苗床上覆盖地膜保湿，在出苗50%左右时揭去地膜。出苗前保持白天温度在20～25℃，夜间温度大于13℃。出苗后注意通风，白天温度控制在15～20℃，夜间温度保持在13℃左右。球茎茴香不耐高温，温度达25℃时，应加强通风。一般播种后6～7天即可出苗，苗齐后浇一次小水，水渗后再覆0.5厘米的细土，在有1～2片真叶时进行第一次间苗，3～4片真叶时按株距6厘米的标准定苗，结合间苗，拔除苗床杂草。

3. 整地做畦

球茎茴香在疏松肥沃的土壤上生长时，植株旺盛，产量高。在栽植前要精细整地，对土壤进行耕翻，结合耕翻，亩施入充分腐熟农家肥3000千克或商品有机肥300千克左右，高钾型复合肥30千克左右，将肥料均匀撒施地表，然后耕翻，耕深20～25厘米，耙平，做1米宽的畦。

4. 定植

在球茎茴香苗高10～20厘米、具有5～6片真叶时定植，每畦栽3行，保持株距25～30厘米，每亩栽植6000株左右。

5. 栽后管理

定植后要及时浇定植水，栽后及时关闭风口保温，将室内温度控制在15～20℃，中午高温期注意放风，防止室内出现28℃以上高温，影响植株生长。缓苗后浇缓苗水，然后蹲苗，在苗高30厘米左右、有7～8片真叶时，亩施高钾型复合肥20千克左右，在球茎开始膨大时再每亩追施高钾型复合肥25千克左右。11月后外界气温低，室内温度下降，影响植株生长，要做好保温工作，减少通风，加厚苫盖物，减少室内温度散失。

6. 病虫害防治

球茎茴香生产中易发生灰霉病、白粉病、根腐病、蚜虫等病虫害，对生产造成一定的影响，要注意防治。灰霉病发生时可用50%速克灵可湿性粉剂2000倍液或50%扑海因可湿性粉剂1000倍液喷防；白粉病发生初期可喷40%福星乳油8000倍液或10%世高水分散粒剂2000～3000倍液防治；根腐病发生时，可用77%可杀得500倍液灌根防治。

十五、日光温室秋冬茬菠菜栽培技术

菠菜适应性强，生长期短，可合理安排播期，实现周年生产、周年供给。其中秋冬茬利用温室生产，可供应淡季市场，效益较好。其栽培要点如下。

1. 种植茬口安排

秋冬茬温室栽培菠菜（图5-14）一般于10月上中旬播种，次年2月上旬至4月中旬收获。

图5-14 温室栽培菠菜

2. 品种选择

菠菜品类较多，秋冬茬生产中，应选择耐抽薹、冬性强、抽薹迟、耐寒性强的品种种植。

3. 种子处理

菠菜种子种皮较厚，干籽播种时出苗慢而不齐，播种前要认真浸种催芽，一般用凉水浸泡种子 10～12 小时以后，在 15～20℃的条件下催芽 3～4 天，在种子露白时播种。

4. 整地施肥播种

播种前对温室前茬作物残体及周边杂草要清理干净，对土壤进行耕翻，结合耕翻，亩施入充分腐熟农家肥 3000 千克以上，高氮型复合肥 30～40 千克。将肥料均匀撒施地表，然后进行耕翻，耕深 20 厘米左右，耕后将土壤耙平，做成宽 1.1 米的畦，畦内浇透水，待水渗下后，每亩用种 4～5 千克，将种子均匀撒于畦内，再覆 1.5～2 厘米细土，畦面覆盖地膜保墒，以利出苗。

5. 种后管理

播种后关闭风口，保持室内温度白天在 20～22℃，夜间在 15℃左右，以利出苗。出苗后撤去地膜，降低室内温度，白天温度保持在 18～20℃，夜间保持在 13～15℃，在晴天中午高温期要注意放风降温。进入 11 月份后，气温逐渐下降，生产中要注意保温，防止室温过低，影响植株生长。菠菜以叶片为食用器官，生长速度快，生长量大，需肥水量较多，应经常保持土壤湿润，在封垄前随灌溉每亩施尿素 20 千克左右，以促进生长，提高产量。

6. 病虫害防治

菠菜生产中病虫害较少，易发生猝倒病、霜霉病等危害，影响产量提高，要加强防治。在出苗后，如有猝倒现象发生，可用 70%噁霉灵可湿性粉剂 1500 倍液淋根部喷防，如发生严重，可用 72.2%普力克 600 倍液喷防；霜霉病发生初期，可用 75%百菌清可湿性粉剂 600 倍液或 25%甲霜灵可湿性粉剂 500 倍液喷防。

7. 采收

菠菜对采收要求不严，一般播种后 7～10 天，幼苗有 2～3 片真叶时，可对过密植株进行间苗，将所间除的菠菜整理好后进行出售。一般在植株长到 20～25 厘米高时，即可大量收获供市，收获时用刀沿地面割起，去根，捆把上市。

十六、温室食叶紫苏秋延后栽培技术

食叶紫苏（图 5-15）为唇形科紫苏属一年生草本植物，嫩枝嫩叶有特异芳香，可作为调味佐料和蔬菜，还可入药，有解表驱寒、抑菌解毒、理气安胎、止咳化痰等功效。由于紫苏的食用价值高，抗病保健作用强，近年来在我国北方发展迅速，需求旺盛，成为新兴蔬菜之一，合理安排播种季节，可实现周年栽培，周年供给。秋延后温室栽培要点如下。

图 5-15 食叶紫苏

1. 秋延后温室栽培季节安排

一般于 8 月播种，9 月定植，10 月至来年 2 月供应市场。

2. 播种育苗

紫苏种子休眠期长，如用新种子，可在播种前将种子置于 3℃低温下处理 5 天左右，并喷洒 100 毫克/千克赤霉素，以打破休眠，促进发芽。

苗床在播种前要进行耕翻，结合耕翻，每平方米施用充分腐熟农家肥 10 千克左右。将肥料均匀撒施苗床，然后进行耕翻，耕深 20～25 厘米，耙平，做成宽 1～1.2 米、南北走向的畦。每平方米播种用种量 1.5～2 克。紫苏种子细小，为了播种均匀，在播种时可将处理好的种子与 10 倍以上的细沙混匀，撒施于苗床内，覆 1 厘米左右厚的细土，播种后用地膜覆盖苗床保墒，苗床上遮盖遮阳网降温，控制苗床温度在 18～33℃，5～7 天后即可出苗，有 60%～70%出苗时揭去苗床上地膜，有 2 片真叶展开时拔除苗床杂草，有 6 片真叶展开时按株距 3 厘米的标准定苗。

3. 移栽

移栽前温室内应施足肥料，进行耕翻，以创造疏松肥沃的土壤条件。移栽前每亩温室需施用优质农家肥 4000 千克左右，高氮型复合肥 30 千克左右，将肥料均匀撒施地表，然后用微型旋耕机耕旋两遍，保持旋深在 25 厘米以上，然后做成宽 1～1.2 米的畦，按行距 30 厘米、株距 20 厘米的标准挖穴移栽，每亩栽植

10000～12000 株，栽后及时浇好定植水，以利成活。

4. 栽后管理

移栽后适当遮阳，将室温白天控制在 20～26℃，开花期适当提高温度，白天温度控制在 26～28℃，夜间温度保持在 12～16℃，相对湿度控制在 75%～80%。定植 10 天后开始中耕除草，在秧苗起身后，每半月追一次肥料，每次每亩施水溶性有机肥 200 千克左右，或随水施用尿素 10 千克左右，以加速叶片生长，提高产量。采叶期要保持空气湿润，以保持茎叶脆嫩，减少叶片中纤维含量，提高品质。在不受冻害的前提下，要尽量延长光照时间，以延后花期，延长采叶时期，增加产量。

紫苏分枝性极强，可通过摘心促进分枝，防止开花和叶片老化，维持茎叶旺盛生长。摘心应在顶芽刚完成和花芽分化时进行，到生长后期把下部的叶片和枝杈全部摘除，以促进植株健壮生长。一般当植株长到 16 片左右真叶、苗高 45 厘米左右时开始采收，每次每个分枝只采收 2 片叶，每 3～4 天采收一次。

紫苏在我国北方种植时间短，病虫害较少，生产中主要有锈病、白粉病、斑枯病、红蜘蛛等病虫危害，对产量的形成造成一定的影响，生产中要加强防治。

锈病在发生初期可喷三唑酮可湿性粉剂 1500 倍液进行防治；白粉病在发生初期可喷 40%福星乳油 8000 倍液或 10%世高水分散粒剂 2000～3000 倍液防治；斑枯病发生初期可用 20%噻菌铜悬浮剂 500 倍液或 53.8%可杀得 2000 干悬浮剂 600～800 倍液喷防；有红蜘蛛发生时，可喷 25%灭螨猛粉剂 1000～1500 倍液或 20%浏阳霉素 1000 倍液等进行防治。

十七、日光温室秋冬茬蒲公英栽培技术

蒲公英（图 5-16）为菊科多年生草本植物，含有蒲公英醇、蒲公英素、胆碱、有机酸、菊糖等多种健康营养成分，有利尿、缓泻、退黄疸、利胆等功效，同时含有蛋白质、脂肪、碳水化合物及维生素等，有较高的营养价值，是药食兼用植物。长期以来，蒲公英以野生采集为主，近年来人工栽培兴起，由于其适应性强，耐寒、耐热、抗病能力强，播种期弹性大，可分期播种，分批供市，实现周年供市。冬季日光温室栽培要点如下。

1. 种植季节安排

一般于 9 月下旬至 10 月上旬播种，翌年 2 月上中旬采收。

2. 整地施肥

温室土壤在播种前要进行耕翻施肥，以创造疏松肥沃的土壤条件，为蒲公英

图 5-16　蒲公英

的良好生长创造条件。结合耕翻，亩施充分腐熟的优质农家肥 3500～4000 千克，高氮型复合肥 15～20 千克，将肥料均匀撒施地表，然后用微型旋耕机耕旋，耕深调至 25 厘米左右，旋后南北走向做成宽 1.2～1.5 米、高 15 厘米的畦，或做成间距 30 厘米、宽 45 厘米的垄，待播。

3. 播种

播前用 55℃左右的温水烫种 4～5 分钟，烫种时应不停搅动，待水温降至室温时泡种 12 小时左右，捞出后沥干水分，在 25℃温度条件下催芽，待种子露白时播种。播种时在畦面或垄上按行距 25～30 厘米的标准，开 1～1.5 厘米深的浅沟，进行条播，每亩用种 50 克左右。播种后覆土 1 厘米左右，然后稍加镇压，上盖地膜保温保湿，7～10 天后即可出苗。

4. 出苗后管理

出苗后揭去地膜，及时中耕除草，防止出现草荒。在有 2 片真叶时按株距 3～5 厘米间苗，有 4 片真叶时按株距 8～10 厘米的标准定苗。在间苗后，每亩撒施尿素 7 千克左右，浇一次小水，保持土壤湿润，定苗后，再每亩施尿素 10 千克左右，并视土壤墒情浇水。室内温度白天保持在 25～28℃，夜间保持在 13～15℃，进入 11 月份，外界气温降低，室内温度也随之下降，要注意保温，将室内温度控制在白天 20～22℃，夜间 10℃以上，防止温度太低，影响植株生长。

5. 收获

蒲公英以叶片为食用器官，对采收期要求不严，可在幼苗期分批采摘外层大叶食用或用刀割心叶以外的叶片食用，商品采收应在基部叶长至 10～15 厘米时整株割取，捆扎上市。

第三节 温室冬春茬主要瓜果蔬菜栽培要点

一、温室冬春茬蔬菜生产环境特点及管理原则、要点

1. 冬春茬温室蔬菜生长期环境特点

冬春茬温室蔬菜生长季温度由低向高过渡，光照时间由短向长过渡，光照强度由弱向强过渡，逐渐有利于蔬菜生长。

2. 管理的总原则

① 苗期防僵苗。冬春茬蔬菜苗期正处在一年中的低温期，若光照不足，管理不当，易出现僵苗现象，影响植株的正常生长结果，因而一般在育苗时多采用电热线温室育苗法，以培育壮苗。

② 生长前期，外界温度低，风雪多发，要做好保温防寒以及风灾、雪灾的预防工作，确保蔬菜生长结果的顺利进行。

③ 进入 2 月份后，随着外界气温升高，室内温度也逐渐上升，要逐渐加大通风量，防止高温危害，特别在中午高温期，要严控室内温度。

3. 冬春茬温室蔬菜管理要点

可参考温室秋冬茬瓜菜及春大棚促成栽培技术进行管理。

二、温室冬春茬辣椒栽培管理要点

辣椒为喜温蔬菜，冬春茬栽培难度较大，在生产中应抓好以下措施，以利产量和效益的提高。

1. 生产季节安排

冬春茬日光温室栽培时，一般 11 月初播种育苗，2 月中旬定植，4 月上旬就可采收上市，直到第二年夏季。

2. 选择适宜品种

冬春茬日光温室栽培辣椒品种应选择耐低温、耐弱光、抗病、丰产、结果率高的优良品种。目前主栽品种有猪大肠、苏椒 5 号、中椒 6 号、中椒 7 号、中椒

5 号、京甜 3 号等。

3. 适期育苗

冬春茬日光温室辣椒栽培一般在 11 月初播种。由于育苗期气温低，防寒保温是苗期管理的关键。生产中多采用电热线育苗法，育苗时在育苗床底铺一层细绵沙，沙上铺电热线，然后铺上 8～9 厘米厚的营养土或放置装好营养土的营养钵，播前 3 天通电，营养土块育苗时，播种当天上午 10 时浇足底水，水渗透后，将营养土块分成 10 厘米见方的小块，每块中央用小木棒扎一小孔，孔深 0.2 厘米左右，种子播种后覆土成馒头状，再筛一层土进行整个覆盖。播后在表面盖一层塑料薄膜，当幼苗有 70%出土后，选择晴天下午去掉塑料薄膜。

播种至移植期间，白天温度控制在 25～28℃，夜间 18～20℃，经过 3～4 天即可出苗。出苗后降温，白天温度控制在 20～25℃，夜间 15～18℃，地温不低于 10℃，避免秧苗徒长。由于辣椒植株易木质化，所以在育苗过程中可适当少蹲苗或不蹲苗。要根据土壤湿度浇水，每次浇水后要及时中耕，中耕要浅而适宜，防止伤根。要适期分苗，放风炼苗，防止徒长；及时防治苗期病虫害；发现病弱苗及时拔除。

4. 施肥整地

土壤疏松肥沃、墒情好是日光温室冬春茬辣椒栽培的重要条件。生产中应保证肥水供给，一般要求每亩施腐熟有机肥 6000 千克，过磷酸钙 50 千克，腐熟饼肥 100 千克，硫酸钾 40 千克，尿素 20 千克。将肥料均匀撒施地表，然后深翻入土，与土壤充分混合，细耙搂平。可采用平畦覆膜栽培，畦面宽 60～65 厘米，畦沟宽 30 厘米，在畦面中间纵开一条深 10 厘米、宽 20 厘米的沟，以便膜下暗灌肥水。畦面可做成南低北高的微坡形，以增加光照，提高土温。也常采用小高垄覆膜栽培，一般垄宽 70～75 厘米，沟宽 50 厘米，垄高 15 厘米，每垄定植 2 行，穴距 40 厘米，每穴栽 2 株。每亩栽苗 3200～3400 穴，共 6500 株左右，一般温室前部密后部稀。

5. 温室处理

地整好后要及时扣棚升温烤地消毒，在定植前一天每亩温室用硫黄粉 0.25～0.5 千克、百菌清 30 克，拌上锯末分堆点燃，然后密闭熏蒸一昼夜再放风，无味时使用。

6. 科学定植

定植时土温应高于 15℃，最好在晴天上午进行，定植前做好一切准备，争取在下午2时前后完成栽植。定植可先开沟浇水后栽苗，即按行距开10厘米深的浅沟，在定植前2～3天先浇底水，浇水后密闭不通风以提高土壤温度。也可定植后浇水，以利缓根发苗。定植时选株高15厘米，茎粗0.4厘米以上，8～10片真叶，叶色浓绿，叶片肥厚，90%以上的秧苗现蕾，根系发育良好，无锈根，无病虫害和机械损伤的壮苗，以促进早产和产量的提高。

7. 栽后管理

（1）促进缓苗　栽植后注意保温保湿，以利缓苗，没进行地膜覆盖的，可中耕2～3次，以提高地温，促进生根。第一次中耕应深一些，以后随着根系的生长，中耕深度减小，且距植株距离加大，以免伤根。当心叶开始生长或有新根出现时，则证明已经缓苗，这时可适当降温降湿。

（2）温度管理　冬春茬日光温室栽培时温度管理很重要，栽培前期以防寒保温为主，后期应加强通风，以防止高温危害。一般定植后至缓苗前不通风或通小风，保持高温高湿环境7天左右，以促进缓苗、发棵。缓苗后靠调节通风量来控制温度。保持白天气温26～28℃，夜间16～18℃，10厘米土温10℃以上，揭帘前气温为10～14℃。进入结果期，温度开始下降，要加强保温工作。坐果后到采收阶段要尽可能地增温、保温和增加光照，每天坚持清扫棚膜，适当早放草苫保持夜间温度，尽量增加草苫数量提高夜温。维持温室内白天气温为20～25℃，夜间温度10℃以上。入春以后，随天气转暖逐渐加大通风量。当顶部通风量不足时，可将底脚揭开（放底风）加强对流；当外界最低温度稳定在15℃时，夜间也要给予适量通风；当温度稳定在18℃时可将前沿薄膜卷起固定在前横梁下。

（3）肥水管理　缓苗后视土壤墒情浇水，缓苗后至开花前一般不浇水，干旱时浇小水。当门椒长到3厘米大小时，视植株长势和肥力状况，结合中耕进行施肥。高垄栽培的可膜下浇小水1～2次，平畦栽培的轻浇一水，然后进行蹲苗。浇水选在晴天上午进行。缓苗期间用0.4%磷酸二氢钾进行叶面喷肥，有利于发根，如果苗太弱，叶面喷施糖氮液（0.2%尿素加1%葡萄糖）促壮效果较好。门椒坐住后，结合浇水进行第一次追肥，每亩可随水冲施腐熟粪肥2000千克左右或硝酸铵15千克及钾肥8～10千克。以后每15～20天浇一次水，根据情况每隔2～4次水追一次肥，春暖后每7～10天浇一次水，每次随水冲施磷酸二铵、尿素、硫酸钾等肥料，肥料应交替使用。

温室栽培时，由于辣椒生长在密闭的环境中，易出现二氧化碳供给不足的情况，不利于光合作用的进行，影响产量的形成，在进入结果盛期后，要注意适当增施二氧化碳以提高产量。追施二氧化碳应严格掌握施用浓度和施用时间，浓度一般为（550～750）$\times10^{-6}$，施用时间应掌握在日出后不久，通风前1小时左右停止施用。

（4）植株调整　温室中生长的辣椒，长势旺盛，株型高大，枝条易折，为便于通风透光，防植株倒伏，可用塑料绳吊枝或在畦垄外侧用竹竿水平固定植株。同时及时将二杈或三杈下的小杈摘除；门椒结果期，要进行合理打杈留枝，以利通风透光。生长中后期还应及时摘除病叶、黄叶、老叶来改善通风透光状况，控制病害的发生，提高结实能力。

（5）果实管理　冬春茬日光温室栽培辣椒时易出现僵果现象，早期果实呈小柿饼状，后期果实呈草莓状，皮厚肉硬，色泽光亮，柄长，果内无子或少子，无辣味，果实不膨大，环境适宜后也不再发育，生产中应加强防治。

出现僵果的原因主要有：

① 气候　在春季栽培时，在花芽分化期，即播种后35天左右，如果植株受干旱、病害、温度不适（13℃以下或35℃以上）等因素影响，花粉不能正常生长和散发，雌蕊不能正常受精，形成单性果。这种果实由于缺乏生长激素，影响对锌、硼、钾等促进果实膨大的元素的吸收，故形成僵果。

② 植株徒长　植株徒长时营养大量用于茎叶生长，幼果得不到足够的营养供应，也易形成僵果。

③ 坐果过多，植株生长势较弱　坐果数量过多时，一些坐果晚或位置不佳的果实，往往由于得不到足够的营养供应而形成僵果。

④ 环境不良　结果期，如果田间长时间干旱缺水，或施肥过多发生了烧根，或病虫危害严重，叶面积不足等，会导致果实营养不良，而在后期形成僵果。

防止出现僵果的措施：

① 合理定植　定植时，应使营养钵土坨上表面与地面持平，然后覆土3～5厘米厚，及时浇定根水。

② 加强环境管理　在花芽分化期要防止干旱，其他时间控水促根，以防止形成不正常花器。在花芽分化期和授粉受精期，保护地白天温度严格控制在23～30℃，夜间15～18℃，地温17～26℃，土壤含水量相当于最大持水量的55%。

③ 适时分苗　在2片真叶时分苗，谨防分苗过迟损伤根系，从而影响花芽分化时的养分供应，形成瘦小花和不完全花。分苗时可用硫酸锌700～1000倍液浇根，以促进根系生长。

④ 适量结果 植株坐果数量要适宜，应根据植株的长势留果，多余的果实应及早疏掉，并及时防治病虫害。

8. 防治病虫

冬季温室栽培辣椒给病虫的越冬提供了适宜的环境条件，会使病虫害日趋严重，要及时加强防治，以控制病虫危害，减少生产损失，促进生产效益提高。冬春茬温室辣椒生产主要病虫害的防治措施如下。

① 病毒病 选用抗病品种；对种子进行消毒，即用10%磷酸三钠浸种10分钟；选择适宜的播种期，合理密植，加强田间管理，及时防治蚜虫，预防高温干旱；改革种植方式，实行垄作；在进行整枝打杈等田间管理时，要病健株分开操作，以防伤口感染；喷施20%病毒A可湿性粉剂500倍液，或1.5%植病灵乳剂1000倍液，或抗毒剂1号200倍液，或杀菌王800倍液。

② 疫病 实行合理轮作；选用抗病品种；对种子进行消毒，即用55℃的温水进行温汤浸种；加强田间管理，预防高温高湿；在保护地每亩用300克45%百菌清烟剂熏治，或每亩用1千克5%百菌清粉尘剂喷粉，或喷施25%瑞毒霉可湿性粉剂750倍液，或喷洒64%杀毒矾可湿性粉剂500倍液，或用甲霜灵、绿亨二号、好生灵、疫菌清等药剂防治。

③ 炭疽病（俗称黑眼疯、白鱼眼、黑鱼眼） 实行合理轮作；选用抗病品种；对种子进行消毒；加强田间管理，实行配方施肥，预防高温高湿；喷施80%炭疽福美可湿性粉剂800倍液，或使用百功＋金土地叶面肥进行药物防治。

④ 枯萎病 实行合理轮作；选用抗病品种；加强田间管理，预防高温高湿；用绿亨一号或绿亨二号杀菌剂进行土壤消毒或灌根，或喷施50%多菌灵可湿性粉剂500倍液，灌根每穴用药液150毫升左右。

⑤ 根腐病 实行合理轮作；加强田间温湿度管理；进行土壤消毒；用绿亨二号或绿亨一号杀菌剂进行土壤消毒，或用噁霉灵等灌根。

⑥ 疮痂病 实行合理轮作；选用抗病品种；对种子进行消毒，进行温汤浸种；加强田间管理，预防高温高湿；喷施72%硫酸链霉素可溶性粉剂400倍液，或77%可杀得可湿性粉剂400倍液，或新植霉素4000倍液。

⑦ 软腐病 实行合理轮作；加强田间管理，预防高温高湿；及时防治虫害，预防植株损伤；及时防治脐腐病；用72%农用链霉素或新植霉素或诺氟沙星进行药剂防治。

⑧ 蚜虫 设置防虫网；利用黄板诱杀；挂银灰色塑料驱蚜；用吡虫啉、四

季红等药剂进行药物防治。

9. 适时采收

辣椒属无限花序作物，在适宜的温光和充足的肥水条件下，能连续不断开花结果，适时采摘有利于提高辣椒产量。冬春茬温室辣椒以采摘青椒为主，一般在果实表面的皱褶减少、果皮色泽转深、光洁发亮时采收较适宜，采收过早，果实的果肉太薄，色泽不光亮，影响果实的商品性，产量降低；采收过迟，不利于植株将养分往上部转送，影响上一层果实的膨大。采摘应在早、晚进行，中午因水分蒸发较多，果柄易脱落。

三、日光温室冬春茬茄子高产栽培要点

利用日光温室进行茄子生产，能够实现错季供给，经济效益明显高于露地生产，因此茄子已成为日光温室栽培的主要蔬菜种类之一。由于茄子性喜温，对温度的要求比一般的蔬菜高；茄子喜光，日照时间长、光照强度大的情况下，茄子生长发育旺盛，有利于产量提高；茄子枝叶茂盛，叶面积大，蒸腾量大；茄子喜肥喜水，不耐干旱和水涝，因而茄子日光温室栽培时技术性强，在生产中应认真落实各项管理措施，以促进产量和生产效益的提高。

1. 选用杂交种，利用杂种优势，提高产量

茄子杂交种是由特定母本、父本通过有性杂交方式产生的，杂交种生长整齐，成熟期一致，抗病性强，丰产、增产的优势明显。像甘肃生产中应用的兰州长茄×竹丝长茄杂交种，亩产可高达 7000 千克，而普通品种像五叶茄、兰州长茄亩产仅 3000～4000 千克，所以选用杂交种是提高产量的有效措施之一。

2. 适期培育壮苗

冬春茬日光温室栽培茄子时，一般在 12 月下旬至翌年元月上中旬采用温室加温育苗法育苗。由于茄子种皮厚，种子外有蜡质层，吸水慢，在播种前要采用温汤浸种处理。先将种子放在冷水中浸泡 5～6 小时，再放入 40～50℃的温水中浸泡 15 分钟，并加以搅动，时间到后加冷水降温，取出后用清水洗净表面黏液，然后捞出晾干，再浸入 40%甲醛 100 倍液中 15～20 分钟，取出用锯末混匀，在温度 25～30℃条件下催芽，5～6 天后即可出芽，准备播种。

育苗时床土要肥沃疏松，这是培育壮苗的关键。营养土中配合适当的氮、磷、钾肥，一般按 7 份田园土加 3 份充分腐熟的有机肥配制，每 50 千克营养土中加入磷酸二铵 0.5 千克，硫酸钾 0.2 千克，用 0.5%甲醛药液喷洒拌匀的营养

土后堆置，用泥封或用塑料薄膜覆盖发酵，充分发酵后铺于育苗床内，厚约9～10厘米。

在育苗时要对育苗温室进行消毒，可用硫黄锯末或75%百菌清烟雾剂进行熏蒸，在熏蒸过程中要关闭温室通风口和过道的门，以提高熏蒸效果。

茄子一般育苗期需85～90天，日光温室生产的需要在12月下旬至翌年元月上中旬进行播种，通常采用电热线加热育苗法，电热线铺设同辣椒育苗，将经过催芽的种子均匀地撒播于苗床，然后在上面筛一层营养土，最后上面盖一层塑料薄膜保温。

播种后苗床温度保持在30℃左右，促进迅速出苗，出苗后要适当降温，防止秧苗徒长。苗床内白天温度保持在25～30℃，夜间保持在15～18℃。播种后十多天，幼苗子叶展平后进行第一次间苗，1～2片真叶时进行第二次间苗，2～3片真叶时进行定苗。在育苗期要保持苗床土壤湿润，延长光照时间。由于冬季日照时间短，育苗时要注意补光，可用40瓦的日光灯悬在苗床上60～80厘米处，每天补光2小时，促进幼苗旺盛生长和花芽分化，以利早开花结果。

3. 合理定植

在温室内10厘米深处地温稳定在12℃以上时定植，定植前土壤中要施足底肥，一般每亩需施有机肥5000～6000千克，油渣300千克左右，复合肥20千克左右，将肥料均匀撒施于地表，然后进行耕旋，深翻后，按照宽行80厘米、窄行40厘米的标准起垄，垄起好后，用黑色地膜对垄进行覆盖，关闭温室通风口，在密闭条件下，按每平方米温室用1克硫黄锯末或用百菌清烟剂熏蒸消毒。

日光温室栽培茄子，一般在2月下旬至3月上旬定植较适宜，每垄单行栽植，株距40～48厘米，每亩栽植2500～3000株，按株距在膜上打孔栽植，栽后浇一次浅水，用土封穴，以利成活。

4. 定植后管理

（1）温度管理　定植后7～10天要防寒保温，提高温室温度，白天温室温度应控制在30℃左右，地温应保持在16℃以上，苫帘早晨要适当迟揭，晚上要适当早盖，以提高保温性能。缓苗后白天温度控制在25～30℃，上午温度达25℃时开始通风，下午4时后保温；在门茄生长期，夜间气温前半夜控制在16～17℃，后半夜保持在13℃左右，平均地温应在20℃以上；在门茄采收后，要加强通风降温，防止高温危害，外界气温在15℃以上时，可揭开塑料薄膜进行通风，增加光照。

（2）肥水管理　定植后结果前要控制浇水，促进发根，门茄开花时不浇水，防止落果，在门茄横径3厘米左右时开始追肥浇水，促进果实迅速生长。每亩施尿素10千克左右，并注意补充空气中的二氧化碳浓度，每天在日出揭苫后可通过稀硫酸与碳酸氢铵或稀盐硫酸与石灰石反应放出二氧化碳，补充温室中二氧化碳的浓度，促进光合作用的进行，以利产量提高。在门茄采收后，要加强肥水管理，每7～10天浇一次水，结合浇水施肥，每次施尿素7.5～10千克，坚持按少量多次的原则施用，以利茄子膨大发育。

（3）植株调整　为了增强光照和通风，使养分集中，应采取整枝打杈的方法，及时摘除门茄以下逐渐老化的叶片，对于植株高大的需搭架，促进植株健壮生长。

（4）保花保果　温室生产茄子时易产生落花落果现象，影响产量的提高，可在花期用20毫克/升的防落素喷花或用30～40毫克/升的2,4-D蘸花，以提高坐果率。

四、温室冬春茬西红柿丰产栽培要点

西红柿适应性好，冬春茬温室栽培时，对低温的适应性强，是温室栽培比较成功的一种作物，现将栽培要点介绍如下。

1. 品种选择

品种直接决定生产能力的高低及种植效益的好坏，因而生产中对种植品种应高度重视。冬春茬温室栽培时，所选品种应能适应冬春季低温、弱光等气候特点，具备较强的耐低温、耐高温、耐弱光、抗病虫能力，同时植株叶片应稀少。陇东冬春茬西红柿栽培品种以佳红1号、陇番10号、陇番11号表现最优。

2. 茬口选择

西红柿最好与瓜类、叶菜类及草莓等作物实行3～5年的轮作，可以合理利用土壤养分，减轻病虫危害。如轮作实在有困难，可采用客土的方法，用小麦或玉米等茬口的土壤，将温室内30厘米内的土壤换掉，然后进行栽培。冬春茬栽培一般在10月上中旬播种，11月上中旬定植，翌年2月上中旬开始采收。

3. 培育壮苗

冬春茬西红柿栽培，育苗期处在弱光和低温的季节，管理难度大，生产中应加强管理，以便培育壮苗，促进早结果、多结果，利于效益提高。

(1) 选饱满种子播种　饱满种子养分含量高，有利于幼苗健壮生长，在播前应通过水选，将种子用水浸泡，捞出浮在上面的瘪粒，然后捞出种子晾晒再播种。

(2) 营养土一定要肥沃　可用 4 份有机肥、6 份田园土配制，每 100 千克营养土加磷酸二铵 1 千克。

(3) 采用加温育苗法　通常采用电热线加热育苗法，育苗时在育苗床底铺一层细绵沙，沙上铺电热线，然后铺上营养土，厚 8～9 厘米，或放置装好营养土的营养钵。播前 3 天通电。营养土块育苗时，播种当天上午 10 时浇足底水，水渗透后，将营养土块分成 10 厘米见方的小块，每块中央用小木棒扎一小孔，孔深 0.2 厘米左右，种子播种后覆土成馒头状，再筛一层土进行整个覆盖。播后在表面盖一层塑料薄膜，当幼苗有 70%出土后，选择晴天下午去掉塑料薄膜。

(4) 应用塑料营养钵育苗　营养钵直径应大于 10 厘米，以保证幼苗生长有充足的营养面积。装土时土面略低于钵面，以便播后覆土。钵装好土后，整齐排放于整好的苗床内，周围做成畦埂把钵围住，以便浇水，等待播种。

播种前由于气温低，应于上午浇水，使营养钵中土充分吸水，经过阳光曝晒，钵土温度升高之后，用细木棍在钵中央插一小洞，深 0.5 厘米左右，每钵播入浸种催芽的种子 2 粒，上面覆盖过筛细土厚约 0.5 厘米，为了增温保墒，可在播种床上用地膜贴面盖严。播种后经 3～4 天即可顶土出苗，出苗后及时揭去地膜。

(5) 防徒长，防僵苗　徒长苗一般在施氮较多、水分充足、温度较高的情况下出现，因而在育苗时，营养土中应控制氮肥的含量，浇水不可过勤，在幼苗生长期如土壤水分不足，可用喷雾器喷雾补水，在播种到出苗前，为促使出苗，要保持 25～30℃的高温，夜间温度不能低于 18℃，出苗后，当真叶开始顶心时，要及时间苗，每钵留一棵，适当降低温度，白天控制在 20℃左右，夜间 13℃左右，防止幼苗徒长，出苗 10 天左右再提高床温，白天达 20～25℃，夜间 16℃左右。西红柿苗生长快，较耐低温，移栽前要进行低温锻炼，移栽后白天 25℃左右，夜间 18℃左右，促使生根，提高成活率。成活后白天温度降到 20℃左右，夜间 15℃左右，防止徒长。

西红柿苗在有 4～5 片叶时，本身有徒长现象，可喷矮壮素液，喷后 10 天显效，有效期一个月左右。

对有徒长现象的幼苗，要注意蹲苗，在定植前 7～10 天，先在苗床上浇透水，将营养钵换位，夜间注意防寒，中午遮阴，以培育壮苗。

僵苗主要是苗期低温引起的，寒冷季节育苗时应注意保温。

4. 高肥水栽培

定植前结合整地，施足基肥，基肥施用时要注意以有机肥为主。在基肥施用时应注意合理搭配氮、磷、钾肥，以达到平衡供养的目的，农家肥亩施量应保证7000～10000千克，结合施用磷酸二铵、硫酸钾各50千克左右。

采用高垄栽培，南北起垄，垄宽60厘米、高15厘米，垄间距70厘米左右，每垄栽植两行，中间挖成10厘米左右深的灌水沟，垄面覆盖黑色地膜，进行膜下灌溉，株距33厘米左右，亩栽植2800～3000株。

追肥应做到适期适量，防止“追秧”及“疯秧”现象的出现。第一次追肥应在果实直径2厘米左右时，以氮素为主，每亩施尿素7.5千克。在第一穗果采收后，及时施第二次追肥，亩施尿素7.5～10千克，促使上层坐果数增加，单果重增大。对于高架品种，应每采一次果追肥一次，结合追肥浇水，促进肥料的转化，提高利用率。

5. 环境调节

定植后为促进迅速缓苗，需保持较高温度，一般不超过30℃不放风。缓苗后至结果前期，温度白天控制在25℃左右，夜间控制在15℃左右，地温控制在20℃左右。进入结果期后，前半夜温度保持在13～15℃，促进光合物质运转，后半夜温度控制在10℃上下，抑制呼吸消耗，空气相对湿度应控制在45%～55%。

6. 防早衰

施肥不及时或结果过量，是出现早衰的最主要原因。生产中应注意施足基肥，适时适量施好追肥，将结果层控制在6层以内，成熟果应及时采摘，保证植株健壮生长，有利于高产。

7. 保花保果

温室栽培西红柿自然坐果率较低，在盛花期用10～22毫克/升的2,4-D或25～50毫克/升的番茄灵蘸花，提高坐果率。

8. 整枝打杈

温室栽培一般以一杆半整枝为主，要及时掐除分杈，在第一穗果坐住后要及时吊蔓。

9. 防病虫危害

温室西红柿主要病虫害有早疫病、晚疫病、灰霉病、病毒病、斑枯病、蚜虫、白粉虱、潜叶蝇等，要采用综合防治的措施。

① 要注意轮作倒茬。

② 在温室使用前，夏季扣棚，利用高温杀菌杀虫。

③ 播前采用温汤或药剂浸种，杀死种子上附着的病菌。

④ 温室使用前要进行消毒，可用1%福尔马林液全室喷洒，密闭消毒，过3～4天后通风，或用80%敌敌畏熏蒸一昼夜，或用硫黄锯末粉熏蒸24小时，然后通风使用。

⑤ 降低温室内的空气湿度。要控制水分的供给，以膜下浇灌为主，控制室内湿度，抑制病害的发生。

⑥ 防治以烟雾剂为主，对于病害可用百菌清烟剂，对于虫害用敌敌畏烟剂熏蒸杀灭，控制危害。

⑦ 加强物理防治。利用害虫的趋色性，用拌有机油的黄板诱杀蚜虫、潜叶蝇、白粉虱等。

10. 二茬栽培

二茬栽培采用双蔓整枝，促进主蔓生长，控制侧蔓生长，待主蔓结果5～6层后及时剪除主蔓，施肥后促使子蔓生长结果，一般子蔓留4层左右的果，采收期可延长2个月左右，增产增效效果明显。

五、日光温室冬春茬黄瓜栽培技术

1. 品种选择

根据生长季节特点，在品种选择上应选择耐低温、弱光，抗病、丰产、适应性强，结果性好，品质优，商品价值高的品种。以密刺系统品种为主，生产中应用的主要有：津春3号、津优2号、津优3号、津优30号、津优33号、津优303号、津绿3号、新世纪、津杂2号、津杂4号、博耐13号、博杰21号、中农26号、京研迷你2号、京研迷你4号、碧玉3号、中农29号、康德等。

2. 育苗及苗床管理

日光温室冬春茬黄瓜由于生长期长，管理上要求严格，若管理不当会出现早衰现象，影响生产效益的提高。苗期及结瓜前期处于一年中温度最低、光照最弱的季节，管理难度大，生产中通常采用电热线加热育苗、嫁接栽培的方法，利用南瓜作砧嫁接黄瓜苗，可有效克服土传病害的危害，提高植株的抗病性和抗寒能力。由于南瓜根系发达，嫁接栽培时一般不缓苗，成活率高，适应性强，可使黄瓜的生长发育期延长，结瓜量增加，增产显著、效益好，因而冬春茬黄瓜多使用嫁接苗。嫁接苗繁育要点如下。

(1) 砧木选择　生产中应注意选择与黄瓜亲和力好、抗逆性强且不改黄瓜品质的优良品种作砧木，可选用云南黑籽南瓜、白籽南瓜、黄籽南瓜或南砧一号作砧。

(2) 应用穴盘基质育苗　穴盘基质育苗（图 5-17）是目前生产中最先进的育苗方法，可一次性培育出大量整齐优质的种苗，而且运输方便，栽植简单，成本较低，生产中应大量推广使用。生产中可采用规格为 50 穴的穴盘，利用商品基质育苗。

图 5-17　黄瓜穴盘基质育苗

(3) 浸种催芽　播种前先将种子放入 55～60℃的热水中，并不断搅动，待水温降至 25～30℃时浸泡 4～6 小时，黑籽南瓜浸泡时间要适当长些。待种子吸水充分后，再捞出放在 25～30℃条件下催芽，70%的种子出芽后即可播种。

(4) 播种及管理　黄瓜播种应选择晴天上午，黄瓜的播种时间比南瓜砧木早 5～6 天，此时温度高，出苗快且整齐，每穴播种 1 粒。播种到出苗，白天温度保持在 25～28℃，夜间保持在 15～18℃；齐苗后，白天温度保持在 20～30℃，夜间保持在 12～18℃。水分管理上，由于苗期需水量少，应坚持宁干勿湿的原则，基质含水量控制在 60%左右。

(5) 嫁接及苗期管理　在黄瓜播种后 10～13 天，茎长 8～9 厘米，子叶发足，真叶初展 1 厘米左右，砧木播种后 5～7 天，茎长 7～8 厘米，子叶展开，刚吐心叶时嫁接为宜。生产中常用的嫁接方法如下。

① 靠接 将刚露心的南瓜苗剔去生长点，在子叶下方5～10毫米处的胚轴上，按35°～40°角自上而下斜切1刀，切口深度为茎粗的1/2，在黄瓜子叶下12～15毫米处，按30°角自下而上斜切1刀，切口深度为茎粗的2/3。然后接穗舌形楔插入砧木的切口里，使黄瓜的叶压在南瓜子叶的上面（图5-18）。黄瓜苗在里、南瓜苗在外呈十字排列，接口用塑料夹夹好（图5-19），栽于VFT 32大孔穴盘中，栽苗水用多菌灵等药剂消毒，覆盖基质时不要埋住嫁接夹，及时遮阴。接后10～15天把黄瓜下胚轴割断，割断后要灵活掌握苗情变化，调节好光照和温度，提高成活率。

图5-18 黄瓜靠接示意图

图5-19 接口用塑料夹夹好

② 插接　当砧木黑籽南瓜真叶破心、子叶肥大、髓部充实，接穗黄瓜子叶展平时即可嫁接。先用小刀将与接穗下胚轴粗度相当的竹签两头削成40°左右的楔形，再准备刮须双面刀片一片，并纵向折成两半，用来切削砧木和接穗接面。手指、刀片均用75%酒精棉球擦拭消毒，嫁接时先用刀片把砧木的真叶和生长点清除干净，防止子叶叶腋中再发出新的真叶。注意不要伤到子叶。然后用右手捏住竹签，把竹签削面朝下，左手拇指、食指捏住砧木胚轴，使竹签的先端紧贴砧木一片子叶基部的内侧，向另一片子叶的下方斜插（沿砧木右边子叶向左边子叶斜插），插的深度一般为0.5～0.6厘米。再将接穗头从子叶下1.5厘米处截下，沿没有子叶的一面，在距子叶1厘米处朝下削成斜面长0.5厘米、倾斜40°的斜面。对面也要用刀片垂直向下削去表皮。接穗削好后，拔出插入砧木的竹签，将接穗斜面朝下，慢慢插入砧木，深度一定要和砧木上的插孔吻合，使接穗子叶和砧木子叶成十字形交叉（图5-20）。接穗插入的深度，以削口与砧木插孔平齐为度。盖上遮阴的草帘、遮阳网或纸被。

图5-20　黄瓜插接示意图

③ 双断根嫁接　断根嫁接一般在砧木长到一叶一心、接穗子叶平展时进行。用刀片将砧木根切掉，生长点到断根处茎长留4～4.5厘米。去掉砧木生长点，用竹签紧贴子叶叶柄中脉基部向另一子叶柄基部呈30°～45°左右方向斜插，竹签稍穿透砧木表皮，露出竹签尖。在接穗苗子叶基部向下0.5厘米处平行于子叶斜削一刀，再垂直于子叶将胚轴切成楔形，切面长0.5～0.8厘米。拔出竹签，将切好的接穗迅速准确地斜插入砧木切口内，尖端稍穿透砧木表皮，砧木、接穗的子叶交叉成十字形。嫁接后立即将断根嫁接苗插入基质，深度在1～1.5厘米，地上部砧木高度3厘米左右。

嫁接一般在室内进行，苗床要适当遮光，温度控制在20～25℃为宜。嫁接工具用70%医用酒精消毒。嫁接前1天，用72.2%普力克水剂600～800倍液加农用链霉素400万单位的混合液喷洒砧木和接穗，直到叶片滴水为止。嫁接后要加强光照管理，只要接穗不萎蔫，就应该尽量增加光照，一般情况下嫁接后第1天就可以适当见光，但时间要短。嫁接后4～6天嫁接苗愈合，可逐渐延长光照时间，加大光照强度。

嫁接后1～2天是愈伤组织形成期，也是成活的关键时期，要加强管理。一般嫁接后前3天，白天温度保持在25～30℃，夜间保持在15～20℃，空气相对湿度90%以上，遮光率70%左右。嫁接后4～10天这段时间光照要逐渐加强，只在中午强光时适当遮阴，同时通风时间从1小时逐渐增加，7～10天可全天通风，白天温度保持在22～24℃，夜间保持在14～17℃，地温18～25℃，空气相对湿度在80%左右。

3. 定植

（1）适期定植　育苗的黄瓜应在苗龄30～35天时定植，苗子太小，则定植后易形成小老苗，结果能力低下；苗子太大，移栽时伤根较多，不利于缓苗。

（2）选用壮苗　黄瓜生产中壮苗的标准为：株高10厘米左右，茎粗0.6～0.8厘米，子叶浓绿，3叶1心或4叶1心，根系发达，无病虫害。

（3）定植前准备　温室内应精细整地，由于冬春茬黄瓜生长期长，产量高，需肥量大，在栽植前要施足肥料，为植株生长和产量提高打好基础。每亩施农家肥4000～5000千克，油渣150～200千克，过磷酸钙50～100千克，尿素30～50千克，硫酸钾40～50千克，将肥料均匀撒施于地表，然后深翻30～40厘米，增强土壤的通透性。由于垄作具有土壤受光面积大，通透性好，气体交换能力强的优点，高垄栽培的黄瓜根系发达、苗壮、秧旺、生长快且早熟高产。通常在深冬时，高垄10～15厘米深处的土温比平畦同深度土温高3℃左右，因而生产中应以垄作为主，可按大行距80厘米、小行距50厘米进行整地做垄，垄高15～20厘米。垄整好后及时用地膜覆盖。在地整好后，应立即扣棚进行灭菌处理，一般按每100平方米面积用硫黄100克加锯末1500克点燃，进行熏蒸处理，可有效降低病害的发生率。

（4）定植时要保护好根系　定植时按30厘米株距的标准进行，定植过程中要尽量保持根部基质块完整，以有效保护根系，移栽后立即浇水，以利根土密接，促进缓苗。

4. 定植后的管理

（1）温度管理　在幼苗定植后，为了防止萎蔫、促进缓苗，可不通风，室内温度保持在32℃左右，并且地温应保持在20～25℃，达不到要求的地方在定植前地下埋设电热线，以促进根系生长，利于缓苗。在生产中普遍存在地温低的情况，导致根系生长不良，生理活性降低，养分水分吸收量减少，进而出现僵苗现象，影响黄瓜产量，因而克服低地温是温室黄瓜越冬茬生产中的首要任务。在缓苗后应适当给以低温，以利花芽向雌花分化，温度白天控制在30℃以内，夜间保持在14℃左右。在最低温期可通过室内设置小拱棚的方法，以提高保温性，保证生产的顺利进行。在温室内设置小拱棚，可使小拱棚内温度保持在10℃以上，对提高产量非常有利。有条件的可进行设施加温，可用增温补光灯、空气加热线、电暖器进行加温；也可在室内放置木炭火盆进行加温。增温补光灯通常安装在距地面1.5米高处，8米宽的棚可顺棚安装2行，电压要求220伏，夏天不用时取下保存。空气加热线一般每棚可装120米，1000瓦，5～6条。风雪天是冬季温室生产中常遇到的天气，可根据天气变化，在大风雪到来之前及时检查棚膜的固定情况，压膜线或压杆必须固定牢靠，并把保温被盖好压严。如果出现中到大雪，要尽早清除棚上和棚周围的积雪，防止积雪压塌大棚；积雪较少时，可等雪停后进行清扫。2月份以后，晴天中午室内易出现40℃以上的高温，稍不注意即会发生高温灼伤，因此要特别注意通风降温，严防高温危害。

（2）水分管理　黄瓜喜湿，要求土壤相对湿度85%～95%，空气相对湿度白天80%，夜间90%，在移栽成活后应适度降低空气和土壤的湿度，防止沤根及猝倒病的发生，要促进空气交换，保证光合作用的顺利进行，维持旺盛的生长势，抑制病害的发生，促进产量的提高。春季随着天气逐渐变暖，黄瓜开始旺盛生长和发育，黄瓜需水量增加，要增加浇水次数，一般在2～3月份可5～7天浇一次水，4月份以后每1～2天浇一次水，浇水应在晴天上午进行。

（3）肥料管理　日光温室越冬茬黄瓜种植期将近8～9个月，结瓜期长达5个多月，产量高，需肥量大，生产中要及时补充肥料供给，防止脱肥引起植株早衰，影响产量和效益的提高。追肥时应以磷、钾肥为主，少施氮肥。在根瓜12～15厘米长时进行第一次追肥，一般亩施15千克磷酸二氢钾+15千克磷酸二铵。以后7～8天追肥一次，深冬季节可冲施一次黄腐酸盐肥料，维持根群吸收功能，提高植株耐低温能力。开春天气转暖后，植株生长速度加快，可4～5天追肥一次。3月中旬后，根据植株长势进行追肥，若植株长势一般，每亩可追施氮磷钾（15-15-15）复合肥18～20千克，当植株幼瓜较多时，每亩可追施低磷高钾（12-8-30）复合肥25千克，促进黄瓜的生长，提高黄瓜中后期的产量。至结果后期，植株趋向衰老，应结合促根壮秧，加快根系更新，保证后期产量及品质。为了加快肥料的转化及植株的吸收利用，在每次追肥后要及时浇水，浇水时应注意在晴天上午进行，并且以小水浇灌。

（4）光照管理　越冬茬黄瓜生长前期，外界光照时间短、光照不足对产量影响较大，因而在管理上应尽量延长温室内黄瓜的见光时间，温室苫盖物应尽可能地早揭晚盖，同时可适当采用人工补光措施，以补充温室内的光照。通常可用白炽灯每天照射1～2小时，可为黄瓜生长补充一部分光照。白炽灯泡安装时可顺棚每2米安装1个100瓦白炽灯，灯泡距地面1.5米。要经常清扫或清洗棚膜，保持棚面洁净。另外可通过张挂反光膜的方法，增加光照强度，以利产量提高。可在棚室北侧弱光处，利用聚酯镀铝膜或张挂银色薄膜，设置一道反光幕，能明显增强棚室北侧弱光区的光照强度，且使棚室内温度提高。据测试，该方法一般可使地面增光40%左右，室内温度提高3～4℃。

（5）花果措施

① 促进雌花分化　在定植后应保持高温低湿短日照的环境条件，以利花芽向雌花分化，促进结瓜。

② 促进坐瓜　温室黄瓜在低温条件下虽能开花，但坐瓜率较低，可通过使用生长调节剂的方法，提高坐瓜率。通常在黄瓜1～2叶时，用100～150毫克/千克乙烯利溶液喷洒叶面1次，间隔7天左右再喷一次，可使雌花节位明显降低，雌花比例明显提高；在黄瓜雌花开花后1～2天，用100～200毫克/千克防落素溶液进行喷雾，可促进果实生长，黄瓜呈条形，直而长，商品性提高，有利于产量和经济效益的提高。

③ 防止化瓜　引起黄瓜化瓜的原因主要有：低温导致植株生长受阻，高温导致光合作用受阻、呼吸作用增强、营养不良，密度过大，肥水施用不当，根瓜采收不及时，均易引起化瓜。

防治措施：加强防风管理，叶面喷肥，控制栽植密度，施肥时氮、磷、钾肥配合，避免单一施用氮肥，及时采收根瓜，避免根瓜对后部瓜生长的抑制。

④ 采收黄瓜　越冬茬温室黄瓜的价格是上市越早越高，要注意适期采收。结瓜前期瓜条生长缓慢，可3～4天采收一次，随着外界气温升高，可2～3天采收一次，进入结瓜盛期可每天采收一次。为保证黄瓜上市时能顶花带刺，摘瓜应在每天早晨空气湿润时进行，这时摘的瓜瓜条含水量大，不但黄瓜鲜嫩，而且较

重。采摘时要防止损伤瓜秧，更要防止漏摘，漏摘的黄瓜不但品质下降，而且影响上部瓜条的发育。

（6）植株管理　越冬茬日光温室黄瓜植株管理主要包括如下内容。

① 吊蔓　黄瓜蔓一般长到 7～8 片叶时开始吊蔓，在整个生长期应经常缠蔓和调整龙头高度，以利通风透光（图 5-21）。

图 5-21　黄瓜吊蔓

② 整枝打杈　黄瓜结瓜期如果不及时整枝打杈，会消耗大量养分和水分，严重影响植株生长，出现“花打顶”现象，应及时摘除植株顶端过多的雌花及畸形瓜，以平衡营养生长与生殖生长，促使生长点生长。

③ 落蔓摘叶　黄瓜落蔓能使叶片均匀分布，保持合理采光位置，维持最佳叶片系数，提高光合效率，从而可以使生长势加强，结瓜期延长，因而要注意适期落蔓。温室黄瓜落蔓要领如下：

在植株生长点接近棚顶，植株底部无叶茎蔓长度 30 厘米以上的时候及时落蔓，落蔓宜选择晴暖午后进行，这样不易损伤茎蔓。切记不要在茎蔓含水量高的早晨、上午或浇水后落蔓，以免损伤茎蔓，影响植株正常生长。

落蔓前 7 天最好不要浇水，这样有利于降低茎蔓组织的含水量，增强柔韧性，还可以减少病源。

落蔓与摘除下部老黄叶同步进行，先去除病、老叶，带至棚外烧毁，避免落蔓后靠近地面的果实、叶片因潮湿的环境发病。摘叶时注意一次摘除叶片不能太多，通常摘 2～3 片为宜。

将缠绕在茎蔓上的吊绳松下，顺势把茎蔓落于地面，切忌硬拉硬拽，茎蔓要有秩序地向同一方向逐步盘绕于栽培垄的两侧。盘绕茎蔓时，要顺茎蔓的弯向把茎蔓打弯，不要硬打弯或反方向打弯，避免扭裂或反方向折断茎蔓。开始落蔓的时候，茎蔓较细，间隔时间短，绕圈小，茎蔓长粗后，落蔓时间间隔稍长，绕圈大，可一次性落茎蔓长的1/3～1/4。

保持茎蔓最下部叶距垄面13厘米左右，每株保持功能叶在20片以上。

（7）病虫害防治　越冬茬黄瓜的病害主要有细菌性角斑病、灰霉病、霜霉病、白粉病、炭疽病等。在保护地高温、高湿条件下，非常有利于病害的发生与蔓延。生产上防治病害除了选用抗病品种外，在管理上还应覆盖地膜，采取膜下灌溉以降低棚内湿度，创造一个不利于病害发生发展的环境条件，以减轻病害的危害。晴天采用喷雾法，阴天及低温季节可以施用烟雾剂和粉尘剂提高防治效果。另外，应注意不同类型农药交替使用，以提高药效和延缓病虫耐药性的产生。一般细菌性角斑病可用77%可杀得可湿性微粒剂400倍液或72%农用链霉素可溶性粉剂3000倍液防治。霜霉病可用72.2%普力克800倍液或75%甲霜铜可湿性粉剂600倍液、45%百菌清烟剂200克+10%霜脲氰烟剂200克防治。灰霉病可用10%腐霉利烟剂或45%百菌清烟剂、40%嘧霉胺800～1200倍液防治。白粉病用三唑酮可湿性粉剂1500倍液防治。炭疽病可用50%甲基托布津或50%百菌清可湿性粉剂700倍液防治。

日光温室冬春茬黄瓜的虫害主要是温室白粉虱和美洲斑潜蝇。在白粉虱发生初期和虫口密度较低时可用10%吡虫啉可湿性粉剂1000～1500倍液或25%扑虱灵可湿性粉剂1000～1500倍液进行防治。另外也可每亩用22%敌敌畏烟剂0.5千克，于傍晚收工前密闭熏烟。对美洲斑潜蝇的防治，除了强化检疫监管，防止该虫扩大蔓延，在药剂防治时，还应掌握在幼虫2龄前喷25%斑潜净乳油1500倍液防治。

六、温室冬春茬西瓜栽培技术

利用温室进行冬春茬西瓜生产一般11月育苗，12月定植，翌年4～5月采收。其管理要点如下。

1. 品种选择

我国幅员辽阔，西瓜品种异彩纷呈，既有单瓜重40千克以上的大瓜，又有单瓜重2～3千克的小瓜；既有黄皮瓜，又有绿皮瓜，还有网状花纹瓜及黑皮瓜；

既有有籽西瓜，又有无籽西瓜；既有抗热西瓜，又有耐湿西瓜。生产中应根据不同的栽培方式，合理选择品种。

温室冬春茬栽培中应注意选择抗病性强，耐低温、高温、高湿、弱光的早熟品种，由于温室中采用吊蔓栽培，栽培中品种选择应以小型瓜为主，目前生产中表现好的有京欣一号、京欣二号、金皇后、绿野 10 号、小龄童、蜜龙、庆龙 3 号等。

2. 推行嫁接栽培法，培育壮苗，为丰产打好基础

西瓜生产中采用嫁接栽培有利于病害防治，耐低温，根系吸收能力强，有利于产量提高，生产中应注意推广应用。

西瓜嫁接栽培时，砧木可选择南瓜、葫芦等，育苗的床土应疏松，采用靠接或插接均可。一般靠接法简单易学，嫁接成活率高，比较保险，但需用嫁接夹进行固定，后期要及时对接穗进行断根，嫁接效率低。而插接法操作简单，不用嫁接夹固定，省工省时，节约成本，嫁接苗生长整齐，成活率高，但嫁接技术要求及嫁接后成活对环境条件要求高。生产中可根据嫁接的熟练程度及投资能力、生产规模等灵活选择嫁接方法。一般农户自己培育苗木及初学者多用靠接法，在集约化工厂化育苗时，多采用插接法。

由于西瓜伤根后不易愈合，因而在育苗时，应注意适期育苗，一般在定植前 30 天左右播种为宜，另外要注意保护根系，尽量采用营养钵育苗，防止根系损失。

育苗时温度应适宜，苗期温度尽量保持在 25℃左右，在不受冻害的前提下，适当的低温低湿有利于控制生长、培育壮苗。

3. 合理密植

不同的栽培方式，栽培密度不同。在温室栽培时，为了充分利用空间，应密植，亩栽植 1600～2400 株，一般采用双株定植，成活后择优留苗。

4. 加强枝蔓管理

由于西瓜茎蔓分生能力强，如放任生长，必将消耗大量营养，易造成田间郁闭，不利于坐瓜，因而要加强枝蔓管理。不同栽培方式，枝蔓管理的形式不同，一般栽培密度越大，则整枝时留蔓越稀，栽培密度小时，可多留蔓。温室栽培时枝蔓管理主要以整枝吊蔓为主，多采用单蔓整枝，吊蔓应在主蔓长 50 厘米左右时开始，每 20 厘米左右绑蔓一次。

5. 授粉

西瓜为虫媒异花授粉作物，在生产中应进行人工授粉，以保证西瓜适位坐瓜，特别是在温室栽培时，授粉是生产成败的关键所在。由于西瓜根瓜很难长大，一般不留，第二雌花位于西瓜节间第12～16节叶面积充足，是较理想的留瓜节位，因此，在第二雌花开放时要进行人工授粉。授粉在每天早晨6～9点，将雄花摘下，剥去花瓣，轻点雌花柱头，以提高坐果率。

6. 加强肥水管理

在底肥施用充足的情况下，坐瓜前一般不施肥，防止植株旺长，影响坐瓜。在西瓜坐住并长至鸡蛋大小时，应追施膨瓜肥水，促进幼瓜生长，一般亩施油渣200～300千克，或人粪尿2000～3000千克，或磷酸二铵20～30千克，施肥后浇水，肥水齐攻，促使产量提高。在西瓜拳头大小时再追肥1次，亩施磷酸二铵20千克左右，硫酸钾10千克左右，施肥后浇水。在采前15天内控水，以利物质积累，促进品质提高。

7. 加强环境管理

西瓜在温室栽培时，环境可人为控制，应创造适宜西瓜生长的环境条件，促使产量和品质的提高。

(1) 温度管理　发芽期应将温度控制在28～30℃，幼苗期22～25℃，抽蔓期25～28℃，结果期30～35℃，夜间温度12～18℃。

(2) 水分管理　发芽期土壤要湿润，土壤含水为田间最大持水量的80%～85%，伸蔓到坐瓜期要防止水分过大出现旺长，膨瓜期应注意浇大水，促使产量提高。空气相对湿度应控制在60%左右。

(3) 光照管理　要经常清扫棚面，保持棚面干净，对保温物早揭晚盖，以提高透光率，延长光照时间，促进西瓜生长。

(4) 增加二氧化碳浓度　通过通风换气、化学反应的方法，增加室内二氧化碳浓度，促进光合作用的进行，以利产量提高。

另外，在坐瓜期应采用大温差管理，提高果实含糖量，增进品质：白天高温有利于光合作用的进行，增加光合产物积累；夜间低温有利于抑制呼吸作用，减少养分消耗。在膨瓜期应加大昼夜温差，使温差在10℃左右，增加果实中糖分的含量，促进品质提高。

8. 防治病虫

病虫危害是西瓜生产的主要制约因素之一，在生产中应采用综合措施，加强防治。应实行瓜类作物 3 年以上轮作，尽量避免瓜类作物作前茬；选用抗病品种栽培；播前种子用温水烫种或用福尔马林、高锰酸钾等浸种；施用有机肥必须充分腐热，并对肥料进行消毒灭虫处理；精细整地，抑制病虫害的发生；田间勤观察，抓住关键期进行防治，以控制危害，减轻损失。具体防治措施如下。

(1) 炭疽病　及时清除病蔓、病叶，加以烧毁或深埋，喷 80%代森锌 700～800 倍液，每 7～8 天喷 1 次，连喷 3～4 次。

(2) 枯萎病　发现病株立即拔除，定植穴用石灰或 50%代森锌 400 倍液消毒，大田用 50%多菌灵 600 倍液或 70%甲基托布津 800 倍液防治。

(3) 霜霉病　清除被害枝叶残体，喷 1∶0.5∶200 倍波尔多液或 800～1000 倍 50%代森铵或 40%乙磷铝可湿性粉剂 250～300 倍液或用 65%代森锌 1 千克+硝酸铵 1 千克+300 千克水兑成代硝合剂防治。

(4) 白粉病　发病初期及时摘除病叶，喷 2～3 次 300 倍硫黄粉液或 70%甲基托布津 1000 倍液。

(5) 蚜虫　用 40%乐果乳油 800～1500 倍液或 50%抗蚜威可湿性粉剂 1500～2000 倍液防治。

(6) 潜叶蝇　在瓜叶出现潜道时用 40%乐果乳油 1000 倍液与 80%敌敌畏乳油 2000 倍液混合喷雾进行防治，控制危害。

9. 适期采收

温室栽培西瓜时，一般在坐瓜后 45～50 天成熟，在生产中应认真记录坐瓜时期，以利适期采收。

七、温室冬春茬甜瓜栽培技术

1. 栽培季节安排

利用温室进行冬春茬甜瓜栽培，一般在 11 月前后播种育苗，翌年元月份定植。由于苗期及栽培期处于一年内温度最低季节，管理上应以增温、保温为主。

2. 品种选择

温室冬春茬甜瓜栽培，应选择较耐低温、耐弱光、丰产性好、抗病性强、含糖量高、容易坐瓜、外观美、纤维细、质地细软、口感风味佳、品质优良、耐贮运的品种种植。像甘肃大量种植的品种有银珠、甘科状元、甘甜雪碧、甘甜玉露、永甜 2030、青香脆玉、安生青玉等。

3. 育苗

温室冬春茬甜瓜一般采用嫁接育苗法，育苗方法基本与黄瓜相同。

4. 定植

（1）定植前准备　定植前 10～15 天先进行整地，结合整地亩施入优质腐熟农家肥 8000～10000 千克，尿素 25 千克左右，磷酸二铵 50 千克左右，硫酸钾 35～40 千克，将肥料均匀撒施地表，然后进行耕旋，旋深 25～30 厘米，然后南北起宽 70 厘米、高 20 厘米、垄间沟宽 50 厘米的垄，每垄中间开深 10～15 厘米的浅沟作浇水沟。

（2）定植　元月份，当秧苗有 3～4 片真叶时，选择晴天上午进行定植。按照株距 40～45 厘米的标准，每亩定植 2300 株左右，定植时甜瓜苗土块应低于垄面 1 厘米左右，定植后及时浇水，以利根土密接，待水渗下后培土，然后整修垄面，用黑色地膜覆盖垄面。将幼苗掏出膜外，用土封口。

5. 定植后管理

（1）温度管理　甜瓜定植 1 周内为缓苗期，在缓苗期白天室内温度保持在 28～32℃，夜间保持在 15℃以上，促发新根。缓苗后白天温度控制在 25～30℃，夜间控制在 15～18℃，促进根系扩展，保证植株健壮生长。甜瓜在开花期白天温度控制在 28℃左右，夜间 15～18℃，以利授粉坐瓜。果实膨大至成熟期，白天温度保持在 28～32℃，拉大昼夜温差，提高甜瓜品质。

（2）肥水管理　甜瓜定植后，开花前要少浇水、浇小水，控制土壤湿度，防止苗木徒长，开花期适当控制浇水，防止出现化瓜现象。膨瓜期结合追肥进行浇水，每亩施尿素 10 千克左右，磷酸二铵 7.5 千克左右，硫酸钾 20 千克左右，油渣 300 千克左右。施肥后浇水，以加速肥料溶解，促进甜瓜苗吸收利用。

（3）整枝吊蔓　在瓜行上方 1.8 米处拉一道 8 号铁丝，植株基部外侧拉一根塑料绳，绑于铁丝上，每株 1 根，甜瓜苗长到 30 厘米左右时引主蔓上架，主蔓 3 叶以下侧蔓全部摘除，在主蔓 3～5 叶内留 3 条侧蔓，各留 1 个瓜，瓜前留 1～2 叶摘心，待主蔓长到 11～13 节时摘心，在主蔓顶部 2～3 叶内选择留 1 个强壮侧蔓代替主蔓，再留侧蔓瓜 3～4 个。待新主蔓长到 7～9 叶时再摘心，其上保留侧蔓瓜 2～3 个。只要植株生长健壮，以后每 5～7 叶换头一次，留侧蔓瓜 2～3 个，如此反复整枝换头留瓜。每次换头后，其顶部叶腋间可抽生新枝，待前茬瓜采收前 7～8 天选留 1 个健壮侧蔓，其余摘除，并开始留侧蔓结瓜。瓜蔓长到超过铁丝架时，需要落蔓一次，每次落蔓 40～50 厘米。

（4）辅助授粉　温室栽培甜瓜时多采用激素处理，以提高坐瓜率。通常用0.1%吡效隆5毫升，兑水0.5千克左右配制成10毫克/千克的药液，在雌花开放时蘸花柄，促进坐瓜。

（5）采收　当瓜柄附近绒毛脱落，瓜皮发亮，用手按瓜体感到瓜肉富有弹性，瓜顶脐部开始变软，瓜顶部散发出浓郁的芳香味时，意味着该瓜成熟，即可采收。

6. 病虫害防治

温室栽培甜瓜生产中的主要病虫害有病毒病、白粉病、霜霉病、炭疽病、蔓枯病和叶枯病、蚜虫、白粉虱和螨类等，防治时应采取综合措施，以提高防治效果。要加强栽培管理，创造适宜甜瓜生长发育的环境条件，促进甜瓜健壮生长，提高植株的抗病能力，减轻危害。另外应注意在病虫危害的关键时期用药，以控制危害。真菌性病害白粉病、霜霉病、灰霉病在发病初期可用10%腈菌唑乳油800～1000倍液或25%戊唑醇水乳剂2000倍液交替喷防；叶枯病、蔓枯病可用70%甲基托布津或50%代森铵1000～1500倍液喷防；病毒病可在发病初期用50%吗啉胍可湿性粉剂800倍液喷防；虫害除可采用在通风口处设置防虫网、悬挂黄板诱杀等措施外，还可选用10%吡虫啉3000倍液、3%啶虫脒3000倍液或1.8%阿维菌素4000～5000倍液喷防。

八、日光温室冬春茬西葫芦栽培技术

日光温室西葫芦冬春茬栽培一般在寒露前后育苗，立冬前后定植，寒冬腊月上市，生产效益可观。其栽培要点如下。

1. 育苗

采用电热线加热育苗法，电热线铺设同辣椒育苗。选择短枝蔓、耐寒、抗病的早熟品种，像阿兰白、一窝猪、早青一代等，于寒露前后将种子曝晒1～2天，然后在30℃的水中浸泡3～4小时后，放入经开水烫过的细沙中催芽，芽长到0.5厘米时，播种在营养钵中，种子平放，覆土2～3厘米厚。

苗期要加强管理，出苗前昼夜温度保持在25～30℃，苗出齐后白天温度保持在20～25℃，夜间控制在10℃左右，温度达到30℃时应及时放风。定植前15天浇一次小水，白天温度保持在15～18℃，夜间控制在6～8℃，定植前3天，保持1℃以上的低温。

2. 栽植

立冬前后，选择有4叶1心，株高20厘米左右，叶厚、色深绿，出现雌花

的植株定植。

定植前要精细整地，施足基肥，及时清理前茬枝叶、薄膜等，然后每亩施优质农家肥5000千克以上，磷酸二铵35千克左右，将肥料均匀撒施地表，然后用旋耕机进行耕旋，旋深25厘米左右，后起宽100厘米、高10～15厘米的垄，垄沟宽30厘米，用宽1.2米的黑色地膜覆盖，当地温达3℃时定植。垄上双行单株定植，行、株距均为60～70厘米，先按已定的株行距挖穴，穴口直径8～10厘米，深10厘米，栽时保持苗子子叶基部与地面相齐，栽后浇水，用沙子封口。

3. 生长期管理

定植后到结瓜前20～25天控水，以促进生根、发秧。栽后4～5天不通风，缓苗后通风降温，白天温度保持在25～29℃，夜间保持在15～20℃，地温控制在15～20℃。

西葫芦为虫媒异花授粉作物，温室内无昆虫活动，易授粉不良，影响坐瓜，因此必须人工辅助授粉或涂生长素，以提高坐瓜率。一般在开花当天上午10时以前，用20～25毫克/升的2,4-D涂抹花柄或柱头，即可很好坐瓜。

西葫芦先结的瓜，对后续所结的瓜的抑制作用明显，生产中应及早采摘根瓜。通常在花后10天即可采摘根瓜，根瓜采收后亩施尿素7.5千克左右，施后立即浇水。盛瓜期白天室温保持在28～30℃，夜间保持在20～25℃，地温夜间稳定在20℃以上，白天在30℃左右，促使瓜快长，抑制茎叶生长，随时除去侧芽和黄化老叶，每10天左右追肥浇水一次，每次追施尿素10千克左右。

4. 病虫害防治

温室生产西葫芦，发生的主要病虫害有灰霉病、白粉病和地下害虫，生产中应采取综合措施防治，以控制危害。

灰霉病在定植后的4～5天内，用50%腐霉利1500～2000倍液或58%瑞毒霉600倍液、70%甲基硫菌灵800～1000倍液，隔7～10天喷一次，连续喷2～4次，控制危害；在缓苗后，盛果期如果发生严重，可用百菌清烟剂进行熏蒸防治，熏蒸时每次每亩用百菌清烟剂200～250克，点燃后密闭温室进行熏蒸；在用2,4-D蘸花时，在2,4-D稀释液中加入0.05%～0.1%腐霉利可湿性粉剂，开花时用毛笔蘸花，对灰霉病的发生有很好的抑制效果。

白粉病在高湿环境条件下发病较严重，生产中应注意加强通风管理，以降低温室的湿度，抑制白粉病的发生。硫制剂对白粉病有较好的防效，可在发病初期喷0.3～0.5波美度的石硫合剂，以控制病害的发生。当大量发生时，可用4%农抗 120 杀菌剂 600 倍液、12%腈菌唑可湿性粉剂 2000～2500 倍液或 40%福星 8000～10000 倍液喷防。

地下害虫危害严重的地块，可在深翻土壤后、覆膜前在垄上喷 48%乐斯本 200 倍液进行杀灭。

第六章

棚室瓜菜生产中存在的突出问题及应对

设施蔬菜生产中，由于环境固定，在生产中以下问题对产量的形成制约作用大，要加强防治，以利生产效益的提高。

第一节　不良天气下的设施蔬菜管理

反季节蔬菜生产中易因阴雨、雾霾等不良天气的发生，对设施蔬菜生长带来不利影响，在种植时应作好应对，以提高蔬菜产量和生产效益。

一、阴雨雪天设施蔬菜管理

生产中应注意收听天气预报，在雨雪天气来临前，对设施进行检查、加固，对跨度大的设施增加中立柱，增加设施承重能力，棚前外沿用土贴膜斜坡覆盖高15厘米，以防前沿骨架支撑点积雪融化，影响支撑点承重，同时防止苫盖物浸湿和结冰，影响保温和揭帘。及时清除膜上尘物，以防连阴天气影响设施内光照和雨雪的滑落速度。在连阴雨雪天气到来前，严禁大水漫灌，以免造成设施内湿度大、温度低，导致病害发生，若需灌水，可采取膜下滴灌的方法补水。对能落架的植株进行落架，减少受寒面积，对设施内生长较弱的作物，喷一次0.3%磷酸二氢钾和植物抗寒剂、青霉素等，以增强作物的抗寒性。

当连阴雨天气出现后，要及时揭盖苫盖物，白天要把苫盖物揭起4～5小时，让设施内蔬菜见光。苫盖物要用塑料薄膜覆盖，防止被雨雪浸湿后增加棚体负荷。注意不要将苫盖物卷放在棚面中间，以防受力不合理而压塌棚体。遇大风大雪天气，要及时清理膜上积雪，苫盖物前沿用土袋压实、压牢，防止被大风吹起。严禁连阴雨雪天气灌水喷药，若过于干旱，可采用膜下滴灌的方法补水。防病可用百菌清或腐霉利烟剂进行熏烟，也可用百菌清或腐霉利的粉尘剂喷防，以有效控制设施内的湿度，抑制病害的发生。当种植瓜类作物的设施内温度低于6℃，种植茄果类蔬菜的设施内温度低于4℃时，要进行临时加温，可沿北墙东西方向每5米放置一个木炭火盆（无烟后放入，放置时从里到外进行）。出现连续阴雨天气时，除白天揭开苫帘进行采光外，还要进行人工补光，可每百米设施内悬挂6～8个千瓦棒，每天补光时间不低于3小时，切忌连续几天不揭膜、不通风。持续阴雨雪天气发生时，设施内作物生长停滞，叶片光合能力弱，制造的营养物质减少，难以满足植株生长结果的需要，因而阴雨雪天气持续时间长的情况下，要摘除植株上的果实，保证植株正常生长，防止植株早衰。

连续阴雨雪天气过后，要采用间隔揭帘的方法，让植株适应环境，在中午阳光强时，可将苫盖物放下，等阳光弱时再揭起，这样持续2～3天，待植株适应后，再进入正常管理。要强化设施环境的调控，正常天气一般早8：30—9：00揭帘，10：00左右棚顶上通风15～20分钟，以利排放棚内有害气体，下午日落前提前半小时盖帘，大约20分钟后再给帘上盖一层大膜，提高保温效果。灌水在白天上午进行，灌后利用中午高温进行通风排湿，以减少病害的发生。

二、雾霾天设施蔬菜管理

在雾霾天气发生时，要及时清理棚膜上的尘土，确保塑料薄膜的高透光率；在距后墙5厘米处张挂1米左右宽的反光膜，改善栽培畦中北部作物的光照条件。在保证植株正常生长结果的前提下，尽量早揭晚盖苫盖物，延长蔬菜见光时间。当雾霾天气持续2天以上时，要进行人工补光，光照弱时每天可补光3～4小时。在雾霾天气要尽量减少在设施内的出入次数，在温室前沿设一道1米高的保温裙膜，室内采用热风炉或电热风临时补温，提高设施内温度，保证植株健壮生长。雾霾天气过后，天气突然转晴时，光照变强，容易因气温升高而土温回升较慢，导致蔬菜作物根系吸收能力弱、茎叶水分蒸发量大而出现萎蔫现象，要注意间隔揭苫盖物，避免作物在强光下失水萎蔫，若发现叶片出现萎蔫现象，应盖上苫盖物，待植株恢复后再逐步揭苫。

第二节 连作障碍及克服

一、连作障碍

土壤是蔬菜生长的载体，由于设施蔬菜种植地长期固定，蔬菜产量较高，多年种植蔬菜，使土壤养分被大量透支，而目前农村现状是有机肥肥源短缺，有机肥的施用量严重不足，导致土壤越种越薄，土壤中的有机质含量逐年下降，土地的生产能力大大降低，对产量的形成造成极大的影响。

二、连作障碍的克服

对于设施栽培中的连作障碍现象应引起高度重视，要采取综合措施培肥地力，为设施蔬菜的高效生产打好基础。目前生产中应用的有效措施主要有：

1. 增施有机肥

有机肥养分含量全面，肥效持久，施用后可增加土壤中的有机质含量，补充土壤养分，保持土壤疏松，为土壤微生物活动创造良好的环境，同时可增加土壤中有益菌的数量，提高生产能力。在设施蔬菜生产中要树立“物质第一”的观念，要加大有机肥的施用量，在农家肥不足的情况下，应以施用商品有机肥为主，一般情况下应保证商品有机肥的施用量在500千克/亩以上，在每茬作物播种或移栽前要及时补充，并要经常源源不断地补充，以增加土壤有机质含量，阻止地力下降。

2. 推广休闲期种植绿肥作物，培肥地力

设施栽培多为反季节生产，夏秋季多休闲，而夏秋季温度适宜，降水较多，适宜绿肥作物生长，可插空间种绿肥作物进行翻压，以培肥地力，效果很好。特别是间种豆科绿肥，肥地效果相当明显，由于豆科绿肥根部有根瘤菌，可固定空气中的氮素，因而豆茬是肥茬。在设施环境中种植绿肥时，要严格控制绿肥作物的生长，做到适时翻压，一般在绿肥作物花期前翻压效果好，在绿肥作物翻压后，要及时浇水，以加速绿肥作物的腐烂，加快营养转化。

3. 普及秸秆生物反应堆技术

秸秆生物反应堆在设施蔬菜生产中应用后，既可提高土壤温度，补充设施内二氧化碳含量，又可增加土壤有机质含量，改善土壤结构，提高土壤肥力，是非

常有效的增产新措施。

设施蔬菜生产中应用秸秆生物反应堆技术时应以垄作为主，在土壤水平面以下埋设秸秆反应堆，按照埋设部位的不同，分为定植行下内置式和定植行间内置式两种。定植行下内置式通常在定植行下挖宽70～80厘米、深20～25厘米、长度与行相等的沟，沟内铺放秸秆20～25厘米，两头露出秸秆10厘米，踏实找平。然后根据秸秆用量，按照秸秆：麦麸：菌种＝500：20：1的比例，选择生物菌种，每1千克生物菌种拌20千克麦麸，搅拌均匀后，用喷壶喷16千克的水。秋季和初冬，菌种现拌现用，晚冬和早春要提前3～5天拌好菌种备用。施用菌种前，在每亩秸秆上均匀撒施100～200千克饼肥或按1千克菌种配施50克尿素的方法施入尿素，以调节碳氮比，促进微生物分解，然后把处理好的菌种撒在秸秆上，并用铁锹轻拍使菌种渗漏至下层一部分，回填所有土壤。行下内置式在操作时将沟两边的土回填于秸秆上成垄，秸秆上土层厚度保持在20厘米左右；行间内置式回填土后，反应堆上土层厚度应在10厘米左右。4～7天后，用14号钢筋每隔20厘米打一个孔，孔深以穿透秸秆层为准。

蔬菜设施生产中应用秸秆生物反应堆技术时，一定要在施足有机肥的基础上，生产中要注意控制浇水量，在第一次浇水湿透秸秆的情况下，定植时只少量浇水即可，不能浇大水；要防止地温过高现象的出现，通常发酵初期易出现地温偏高现象，应通过浇水、通风等措施，防止植株徒长；每次浇水后，必须重新打孔，以保证微生物所需的氧气供应及反应堆二氧化碳气体的释放。在前两个月，浇水时不能冲施化肥、农药，尤其禁冲杀菌剂，以避免降低反应堆菌种的活性。

4. 合理施肥

总体上蔬菜作物具有吸肥量大，偏好硝态氮，喜钾，对硼、钙元素敏感的特点，设施种植蔬菜种类相对较少，蔬菜食用部位各不相同，对营养元素的要求差别较大，需肥量不同，对土壤元素的消耗也不一样，生产中应根据种植蔬菜种类，合理施肥，以补充土壤中被消耗的营养，防止土壤营养出现大的亏缺，导致营养失衡，影响生产。我国设施蔬菜生产中普遍存在有机肥施用不足，化学肥料施用过量，氮、磷、钾比例失调，氮肥施用过量等现象，这样会导致土壤理化性质变劣，土壤盐渍化现象日益加剧，蔬菜的硝酸盐含量迅速积累，影响蔬菜的产量和质量。因而在设施蔬菜生产中施肥时应坚持“以有机肥为主，化学肥料为辅，增施生物肥料”的原则，以优化施肥措施，提高蔬菜的产量和质量。化学肥料施用时注意以多元素复合肥为主，少施用单元素肥料，要高度重视氮、磷、钾肥配施，严格控制化肥用量；坚持“基肥为主，追肥为辅”的施肥方法，控制蔬菜中硝酸盐的积累。

5. 注意轮作倒茬

不同的蔬菜对养分的需求和病虫害发生情况是不一样的，进行轮作倒茬，可以减轻土壤连作障碍和土传病害的危害，特别是要注意与豆类作物轮作，以培肥地力。

6. 施用土壤调理剂，减轻盐渍化的影响

设施蔬菜由于处于密闭环境中，施用化肥量比较大，土壤盐渍化现象较明显，应经常性地做好土壤检测工作。当土壤出现酸化现象时，应及时施用钙镁土壤调理剂，改良土壤，提高产能。

第三节　病虫害的发生及防治

一、设施蔬菜生产中病虫害严重发生的原因

由于设施蔬菜生产中，地址相对固定，生产周期长，病虫积累量多，加之环境密闭，高温高湿的环境条件有利于病害的扩散蔓延，因而设施蔬菜生产中病虫害发生严重，防治的难度较大。特别是沤根、闪苗、冻害、气害、药害、烧苗、疫病易成片危害，严重影响生产，另外猝倒病、立枯病、根腐病、茎基腐病、线虫病也极易成灾，生产中要高度重视，防止成灾。

二、设施栽培中防治病虫害的主要措施

防治病虫害是设施蔬菜丰产丰收的保障措施，生产中通过应用综合措施进行人为干预，将病虫危害控制在最小程度，以减轻危害，促进生产效益最大化。生产中应用的主要措施如下。

① 充分利用夏季休闲期，进行水淹嫌气高温消毒，以杀灭大部分病原菌和虫源。在7～8月份高温期，在设施内每亩均匀撒施2～3厘米长的麦草和生石灰各300～500千克，施入充分腐熟的农家肥5000千克，深翻30～50厘米，使麦草和生石灰均匀分布于耕作层内，然后做成高30厘米、宽60厘米的垄，灌透水，上盖塑料薄膜，将膜铺平拉紧，压实四周，闭棚升温，每隔6～7天充分灌水一次，然后高温闷棚10～30天，使耕层土壤温度达到50℃以上，可杀灭土壤

中的有害病菌及各种虫卵，减轻病虫危害。

② 认真搞好种子消毒。主要通过干热和湿热处理法。将含水量低于10%的种子，在70℃恒温箱中处理72小时，对病毒、细菌、真菌和虫卵都有良好的杀伤效果。湿热处理即温汤浸种（55℃）和热水烫种，对防治病虫害有一定的效果。

③ 推广嫁接栽培法。利用砧木抗性强的优势，防止土传病害及根结线虫危害，同时嫁接栽培砧木强大的根系也有利于抵抗不良环境，促进植株生长，达到增产增收的目的。

④ 在生产中合理供给充分腐熟的肥料，根据蔬菜种类调节环境的温湿度，防止苗期沤根、猝倒、立枯等病害的发生，保证苗木健壮生长。

⑤ 科学浇水。设施栽培中应推广双行地膜覆盖栽培，实行膜下沟灌或滴灌，以降低设施内的空气湿度，提高土壤温度，增强植株抗性，减轻病害的发生。

⑥ 设施内用药应以烟熏剂和粉尘剂为主，少用乳油、可湿性粉剂、胶悬剂，严格控制设施内湿度，减少病害的发生。

第四节　环境对设施栽培的影响及调控

环境条件直接决定产量的多少及生产效益的高低，长期以来，不良的环境一直是生产中的主要制约因素，随着科技的进步，人们对设施环境的管控能力不断提高，使设施生产朝着更有利于高产优质的方向发展。

植物只有在一定的温度范围内才能够正常生长，昼夜温差对营养物质的积累是十分重要的，日温较高、夜温较低，能促进植物营养生长。白天温度较高，在较强光照下有利于光合速率的提高，制造更多的有机养料；夜间温度较低，可减少呼吸作用对有机物的消耗，增加有机养料的积累。

蔬菜在每个生长时期对于温度的要求是不同的，尤其是结果期，果实中营养物质的积累受到温度的影响明显。温度直接影响营养物质的代谢和运输，当设施中温度较低时，会影响果实器官的代谢活性，使得果实中糖分的积累降低，同化物在叶片中积累，最终抑制叶片的光合活性。

温度调控是设施蔬菜管理的突出重点和难点，生产中白天应注意促进温度的提高，将白天温度保持在蔬菜生长适宜温度的上限，以促进设施墙体和地面的热量吸收，利于光合作用的进行，加快叶片制造营养物质的速度。温度的保持也很重要，保温设施完善的棚室在晴天时要注意适当早拉苫盖物，减少热量积累，避免夜间温度过高；而保温设施不完善的棚室，则要做好保温工作，尤其是遇到寒流时，可通过地热线、电加热线、高频焊螺旋翅片管等加温设备的应用，使得生产环境能够人为控制，避免设施内出现冷害、冻害，为高产优质生产提供条件。

设施内湿度高，导致病害严重发生，这是影响设施蔬菜生长的主要原因，因而生产中要严格控制湿度。生产中可通过地膜覆盖、膜下暗灌等措施的应用，减少设施内空气的含水量。另外要注意正确浇水，浇水要看天气，要选择晴天浇水，避开阴天。在浇水后要将棚温升高，以利于降低空气湿度，也有利于浇水后地温的回升，通常应将室温提高 2～3℃。更重要的是利用好通风设施，以调节室内温、湿度。一般设施栽培蔬菜时，白天温度应控制在 28～30℃，夜间应控制在 14～16℃，当室内温度上升到 30℃左右时开始放风，随着外界气温逐步上升而逐渐加大通风量，下午 3：00—4：00 外界气温下降前，及时关闭通风口；室内气温不高或白天刮大风时，一般不通风或少通风；当夜间最低温度达 15℃以上时，可昼夜通风。

光合作用是作物产量的来源，而光合作用在有光照的情况下才可以完成。设施栽培中采用扣棚盖苫保温，光照时间缩短，特别是在冬季连阴天的情况下，光照不足，危及作物的产量和品质，应采取增光措施，增加光照强度，延长光照时间。生产中要注意更换新膜并保持清洁；地面用白色地膜覆盖，以增强植株中下部的光照强度；在设施后墙悬挂反光幕；及时整枝摘心，增强田间的透光性。冬季可进行人工补光，保证光合作用的顺利进行，促进产量提高。

应用二氧化碳施肥技术，能显著地提高植株叶绿素含量，使叶片浓绿，生长健壮，果型均匀一致，果色鲜艳，减少畸形果，增加坐果率，大幅增加产量，经济效益显著。

声波助长技术、空间电场防病促生技术等物理农业技术的实施，进一步完善了设施农业生产技术，增加了设施农业生产技术的科技含量。将现代物理农业技术应用到棚室安全生产中，不仅能达到“农业增效、农产品增值、农民增收”的目的，而且对促进本地区蔬菜产业和农业可持续和谐发展，提高农产品附加值和竞争力，加速农业现代化进程等具有重要意义。

第七章

棚室瓜菜栽培中应用的新技术

一、穴盘育苗技术

蔬菜常规育苗方法用种量大、幼苗质量差、生产成本高已越来越不适应蔬菜生产发展的需要。为此，创新蔬菜育苗方式显得尤为必要。穴盘育苗是用有机营养基质代替苗床营养土，播种和移苗后，通过人工喷施营养液进行苗床管理，操作方便，是实现精量播种、集中育苗、一次性成苗的现代化育苗技术。

穴盘育苗用穴盘作育苗容器，所用育苗盘是分格的，播种时一穴 1～2 粒，成苗时一穴 1～2 株。植株根系与基质紧密结合在一起，不易散落，不伤根系，根坨呈上大下小的塞子状。穴盘育苗省时、省工、省力、省地，苗龄短，易成活，定植后基本不需要缓苗。穴盘有各种规格，可根据不同蔬菜种类及不同季节、所育苗大小合理选用穴盘，像辣椒育苗最好选用 98 孔穴盘，每穴规格为 5 厘米×5 厘米×5.5 厘米。像西红柿冬春季育 2 叶 1 心苗选用 288 孔苗盘，育 4～5 叶苗选用 128 孔苗盘，育 6 叶苗选用 72 孔苗盘；夏季育 3 叶 1 心苗选用 200 孔或 288 孔苗盘。

1. 穴盘育苗优点

（1）精量播种，省种节本　像辣椒常规育苗方式亩用种量一般为 0.2 千克左右；穴盘育苗亩用种量降为 0.08 千克左右，种子投入显著减少，出苗可提早 5～7 天。同时穴盘育苗可提高秧苗的质量及定植成活率，适于长途运输。

（2）养分全面，苗齐苗壮　穴盘育苗基质养分全面，总孔隙度为 65%，有机质含量大于50%，保水、保肥，干不开裂、湿不板结，壮苗率达95%以上（常规育苗壮苗率低于70%），基质通透性良好，幼苗根系发达，定植时根系完全被基质包裹，不伤根，缓苗轻。

（3）便于运输，可实现集中育苗　穴盘育苗是以轻基质材料作育苗基质，这些育苗基质具有密度小、根坨不易散、便于运输等特点，从根本上实现了幼苗“四带”（带肥、带水、带药、带土）移栽的目的。同时穴盘育苗便于集中规范管理。

2. 穴盘育苗技术操作要点

（1）播前准备

① 置备穴盘　首先根据蔬菜计划种植面积，计算所需的苗数、穴盘数，然后足量置备育苗穴盘。目前，生产上常用的育苗穴盘有105孔和98孔等，可多年重复使用。

② 基质配制　穴盘育苗的基质要选用透气、透水、保肥性良好的草炭、珍珠岩和蛭石，按6∶3∶1的比例混合，每立方米基质再加入N∶P_2O_5∶K_2O＝1∶1∶1的优质复合肥1～2千克，同时每立方米基质加入60%多·福（苗菌敌）可湿性粉剂100克进行消毒。搅拌时加入适量水，基质含水量在50%～60%，以手握成团、落地即散为宜。将配好的基质用薄膜密封，48小时后即可使用。

③ 基质处理　新基质在使用前用广谱性杀菌剂进行消毒。

使用过的旧基质最好用甲醛溶液处理，甲醛用水稀释80～100倍后对基质进行均匀喷雾。基质拌透后，放置在阳光比较充足的地方，用塑料膜严密覆盖，闷5～7天后，揭开塑料膜，铺开晾晒3天即可使用。通风晾晒时最好能翻动2～3次，便于甲醛充分挥发，以免残留的甲醛对植物造成一定的伤害。

④ 育苗温室及穴盘消毒　封闭温室，将高锰酸钾、甲醛和水按1∶1∶5的比例混合进行熏蒸消毒。具体操作方法是：将甲醛倒入开水中，再放高锰酸钾，经过化学反应产生烟雾，关闭闷棚48小时，待气体散尽后即可使用。穴盘消毒时，用40%福尔马林100倍液浸泡穴盘15～20分钟，然后在穴盘上覆盖一层塑料薄膜，密闭7天后揭开，用清水将穴盘冲洗干净。

⑤ 蔬菜种子的消毒与催芽　种子播种前，通常采用温汤浸种，催芽后进行播种。催芽方法是：用温水将种子浸泡15分钟后，把种子捞出放在55～60℃的温水中不断搅拌，并用温度计检测水温，当水温低于55℃时，往里补充热水，使水温保持在55～60℃约15分钟，当温度降至30℃时停止搅拌，继续浸种5～6

个小时后捞出催芽。同时可以用多菌灵等杀菌药处理，为了防治病毒病，可以使用10%磷酸三钠、硫酸铜等药剂对种子进行处理。

（2）播种

① 装填营养基质　播种前一天将营养基质加水拌匀堆沤，营养基质含水量为55%～60%（一般标准是手捏成团，松开即散）。第二天先将穴盘整齐地排列成行，然后按顺序在其中装填营养基质，装填后，用平直的木条刮去穴盘上部多余的营养基质，即可播种。

② 播种　播种最好在晴天上午进行，并注意天气预报，争取播后能有几个晴天，这样有利于提高床温，提早出苗。播种时每孔播1～2粒种子，播种深度1～1.5厘米，过深、过浅均不利出苗。

③ 覆盖基质　播完种后覆盖一层1厘米厚的基质。覆盖基质要适当，太薄保水性差，种子容易外露烧芽，种子出土时不易脱壳，影响出全苗和出苗的整齐度，不利于子叶正常伸展；覆盖基质过厚则出苗缓慢，出苗时自身养分消耗过多，苗子较弱。

④ 置床　播种覆盖基质后，苗床浇足底水，然后将穴盘整齐地放置到苗床内，再用喷雾器或洒水壶将穴盘喷湿浇透，水量要足，以穴盘表面似有水渗出为止。

（3）苗床管理

① 观察气温，补足水分　穴盘育苗有许多优点，但种子和幼苗不能有效地从基质中吸收水分，因此及时补足水分是蔬菜穴盘育苗的关键。依据多年的实践经验，每隔3天于中午气温回升后，每标准苗床用手动喷雾器喷水60千克，当幼苗长至4～5片叶时，加大喷水量，每标准苗床用洒水壶浇水90千克。

② 合理通风，培育壮苗　通风排湿是苗床管理工作中的重中之重，子叶变绿后，应适时合理通风，降低苗床湿度和温度，减缓幼苗地上生长速度，促进根系生长发育，培育壮苗。白天床温控制在25～28℃，夜间维持在20℃左右；随着秧苗的生长，通风量逐步加大，白天床温维持在20～25℃，夜间15～17℃，对幼苗进行适应性锻炼。通风时，要不断变换通风口位置，同时避免迎风处开口，确保苗床内秧苗均匀生长。

③ 及时除草，促进幼苗健壮生长　幼苗3～4片叶时，在晴天无风的上午，待叶片水分蒸发后，用剪子除掉杂草，促进幼苗生长。

④ 科学施肥，补充养分　当基质中肥料不足时，幼苗长到3叶1心期以后，会出现缺肥症状，此时结合喷水进行2～3次叶面喷肥，以氮磷钾复合肥或磷酸

二氢钾加尿素为宜，浓度为0.3%～0.4%。

（4）穴盘育苗常见病虫害

① 病害防治　苗期病害主要有猝倒病、立枯病等，每平方米床面用70%甲基托布津5克或绿亨一号3～4克兑细土1～1.5千克进行撒土防治。

② 虫害防治　主要虫害为蚜虫，危害初期用50%辟蚜雾可湿性粉剂2000～4000倍液喷雾防治。当有5%植株受到危害时，用2.5%溴氰菊酯或20%速灭杀丁乳油3000倍液喷雾防治。塑料大棚门、放风口处安装防虫网，可防止蚜虫迁飞到植株上危害和传播病毒。

（5）穴盘育苗注意事项

① 基质含水量不能偏低，否则不利于压穴，种子易“戴帽”出土。

② 基质肥料添加量不可过大，否则不利于出苗。

③ 催芽期注意催芽室湿度，若整个环境湿度难以保证，应在播后穴盘上覆地膜保湿。

④ 育苗盘在气温较高、天气较好时要注意及时补水，生产中常因补水不足造成损失，最好与喷灌配套。

⑤ 若种子发芽率低，在播种时，可有一部分穴播2粒种子，子叶展平时及时移苗补苗，保证全苗。

二、激素保花技术

在棚室瓜菜生产中，常因开花期气温较低，花粉少，设施内无昆虫传粉等原因，造成授粉受精不良，导致坐果率低、果实畸形等现象发生，应用氯吡脲、防落素等激素保（促）花，提高结实率，是设施瓜菜高产、高效栽培的关键措施。

1. 常用保花激素

设施瓜菜生产中常用的保花激素主要有氯吡脲、防落素等。

（1）氯吡脲　生产中应用的氯吡苯脲、吡效隆、膨果龙、坐瓜灵、西甜瓜坐瓜王、施特优、调吡脲等，均是氯吡脲或以氯吡脲为主成分加多种成分的螯合制剂。

氯吡脲为白色粉状物，含量大于等于98%，相对分子质量247，熔点170℃左右，易溶于有机溶剂，难溶于水，在热、酸、碱条件下稳定，常规条件下易贮存。氯吡脲是目前人工合成的活性最高的细胞分裂素，是一种高效植物生长调节剂，对细胞的分裂有明显的促进作用，对器官的横向生长和纵向生长也都有促进作用，从而起到膨大果实的作用。氯吡脲可诱导单性结实，刺激子房膨大，防止落花落果，促进蛋白质合成，提高含糖量等。因此氯吡脲在低温弱光及阴雨气候条件下提高坐果率、促进果实膨大的效果明显。

氯吡脲主要有0.1%氯吡脲可溶性液剂、0.5%氯吡脲可溶性液剂、1%氯吡脲可溶性液剂等剂型，生产中多应用0.1%氯吡脲可溶性液剂，规格多为5毫升/支、5克/袋、10毫升/支、200毫升/瓶等，一般每5毫升（克）兑水0.75～2千克配成溶液使用。

（2）防落素（对氯苯氧乙酸） 又叫番茄灵、坐果灵、促生灵、丰收灵等。其原药为白色粉状物，基本无臭无味，微溶于水，易溶于醇、酯等有机溶剂。常规条件下稳定，耐贮存。防落素是一种具有生长素活性的苯氧类植物生长调节剂，由植物的根、茎、叶、花和果实吸收，生物活性持续时间长，其生理作用类似于内源生长素，刺激细胞分裂和组织分化，刺激子房膨大，诱导单性结实，形成无籽果实，促进坐果及果实膨大，阻止离层形成，防止落花落果，促进果实发育，并有催熟作用。防落素不易产生药害，一般用于番茄、茄子、辣椒、黄瓜、西瓜、甜瓜等瓜菜作物。防落素对蔬菜嫩茎、叶较敏感，不宜叶面喷洒。防落素处理瓜菜后可以提高坐果率与单果质量，从而增产。

防落素产品规格多为5克/袋原粉、0.5%20毫升/支洗涤剂、2.5%100毫升/瓶水剂等，使用浓度一般为15～40毫克/升。

2. 激素保花方法

激素保花方法主要有蘸果法、喷果法（涂抹果胎法）、喷花法和喷花喷果法。

（1）蘸果法 将保花激素按照剂型规格的浓度配制要求，兑水稀释至所需浓度（如含0.1%氯吡脲的坐瓜灵每袋5克兑水1.5～3千克即稀释300～600倍），充分摇匀，使其成均匀的药液。然后将药液倒入小碗中，蘸果时将整个幼果在药液中浸蘸一下，蘸完后轻弹一下果蔓或果柄，使幼果上附着过多的药液落入碗中，既节省药液，又避免局部浓度过大造成畸形果。蘸果要避开中午高温期。

（2）喷果法（涂抹果胎法） 将稀释好的保花激素药液装入微型喷壶内，使用时将喷壶嘴对着果胎逐个充分均匀喷施。也有的不用喷壶，而是用毛笔浸蘸药液均匀涂抹整个果胎。

（3）喷花法 先将保花激素兑水稀释至所需浓度，然后在植株雌花开放当天早上的8：00—11：00，用装有激素药液的微型喷壶或喷枪对准雌花花蕊定向喷雾，逐个均匀喷施，使雾滴布满整个花心又不下滴，喷花时要避开中午高温期。

（4）喷花喷果法　将稀释好的保花激素装入微型喷壶或喷枪内，在晴天上午8：00—11：00，对着果胎或雌花花心均匀喷施。采用此法时激素浓度不宜过大，且喷花喷果后，如果胎上附着的药液过多，可用手弹击蔓或果柄，以去掉多余的药液，防止产生畸形果。

3. 注意事项

无论采用哪种保花激素、哪种方法保花，使用时间最好在雌花开放的当天或第二天上午8：00—11：00，要避开中午高温期，以防药液水分蒸发导致浓度过高而引起裂果。遇阴雨天气，使用时间可适当延后1～2小时，具体以叶面没有露水为宜。

要根据激素药剂性能和推荐的使用浓度及瓜菜品种、天气和棚室内温度配制药液。生产中要根据实际情况灵活调整，气温低时少兑水，气温高时多兑水，随着温度的升高而加大稀释程度，不可一个浓度一成不变。温度过高（高于30℃）时不宜使用激素保花，以免造成药害。通常情况下，0.1%氯吡脲在气温18℃以下时，每瓶（袋）5克兑水1.5～3千克；气温在18～25℃时，兑水2～3千克；气温在25～30℃时，兑水2～4千克。

激素保花在每个果上只用一次，药液使用要均匀，不得重复使用，以免因浓度过高引起畸形果。使用激素保花，应保留适当数量的幼果，在幼果坐稳后再疏果，确保产量。

保花激素要使用干净的中性水配制，随配制随使用，保证坐瓜效果。配制好的药液放置时间一般不要超过一周，且应保存在阴凉、干燥、通风处，忌曝晒，以免久置或光解降低药效。

使用保花激素后，一定要等果实充分成熟后再采收，以保证果实内容物质充分转化，提高品质，否则可能会造成品质不佳，风味降低。

三、嫁接换根育苗技术

棚室瓜菜在栽培过程中，由于环境密闭，湿度较大，温度变幅大，极易发生病害，加之棚室栽培地块相对固定，连作障碍现象明显，生产中死秧缺苗现象时常发生，严重影响产量和生产效益的提高。嫁接换根育苗技术能够利用抗性强的砧木，通过嫁接栽培的方式克服土传病害的影响，增强植株的抗逆性和抗病力，使植株生长健壮，根系发达，耐低温能力提高，生育期延长，克服连作障碍，有效地解决了重茬问题，从而促进瓜菜产量和品质的提高，提升生产效益。

该技术主要应用于瓜类作物和茄子、辣椒生产中，其技术要点如下。

1. 砧木选择

砧木应具备高抗病性，与接穗亲和力强，嫁接成活率高，移栽后能顺利生长结果，且对果实品质无不良影响。目前棚室瓜类嫁接栽培中西瓜、黄瓜砧木品种有南瓜类的青研砧木1号、全能铁甲，葫芦类的超丰F1等；茄子砧木主要以野生茄子托鲁巴姆为主；辣椒主要以从南美洲引进的野生辣椒品种为砧木。

2. 嫁接方法

目前生产中瓜类主要采用靠接法和插接法，茄子主要采用劈接法。

（1）靠接法　不同瓜菜，嫁接适宜期是不一样的，生产中应灵活掌握，注意适期嫁接。像黄瓜育苗时，通常在黄瓜播后10～13天（茎长8～9厘米，子叶展开，真叶初展1厘米左右）、南瓜播后5～7天（茎长7～8厘米，子叶展开，刚吐心叶）嫁接为宜。嫁接时先剔去南瓜苗生长点，在子叶下方0.5～1厘米处与垂直方向呈35°～45°向下斜切，切口长1厘米左右，至胚轴1/2处，黄瓜苗在子叶下方1.5～2厘米处向上斜切，切口长1厘米左右，深达胚轴的2/3处，之后将黄瓜苗和南瓜苗的切口部分吻合，使黄瓜子叶位于南瓜子叶上方，呈十字排列，接口处用塑料夹夹好，栽于苗圃中，遮阴管理，调节好温湿度。其间要及时抹去南瓜新生的生长点和真叶，第10天左右断根，即在接口下1厘米处用刀片将黄瓜的胚轴截断并拔除（避免自身愈合），初断根1～2天内注意遮阴，后转入正常管理，当苗长至4叶1心时即可定植。

（2）插接法　插接法生产中要先播种砧木，后播种接穗，像西瓜生产中，一般在南瓜第1片真叶展开、西瓜2片子叶展平时嫁接。嫁接时，先用刀片削除砧木的真叶及生长点，然后用竹签从砧木右侧子叶的主脉向另一侧子叶方向朝下斜插深1厘米，然后用刀片在接穗子叶节下1～1.5厘米处削成斜面长约1厘米的楔形面。将插在砧木上的竹签拔出，随即将削好的接穗插入孔中，接穗子叶和砧木子叶呈十字状，用嫁接夹固定后放入苗床。苗床浇透水，扣上拱棚密闭，保持湿度在85%～90%，遮阳2～3天，保持膜内壁见露珠，3天后早晨除去遮盖物，接受散射光，1周内中午遮光，10天后正常管理。嫁接后5～7天保温，白天温度控制在24～26℃，不要超过30℃，夜间温度控制在18～20℃，不要低于15℃。5～7天后开始通风，9～10天通风量增大，并将砧木子叶处萌发的不定芽及时去掉。嫁接苗成活后，接穗开始长出新叶时，去掉嫁接夹并断根。嫁接后30天左右，嫁接苗长出3～4片真叶时便可定植。

（3）劈接法　辣椒、茄子育苗生产中以劈接法为主。像茄子嫁接时，通常砧木野生茄子托鲁巴姆比接穗茄子早播25～30天，当砧木长到7～8片真叶、接穗长到4～5片真叶时即可嫁接，嫁接时接穗保留上部3片真叶，在第3片真叶下0.5～1厘米处斜切出1.2～1.5厘米的楔形面，砧木保留下部6～8厘米平切（最好保留1片真叶），然后在砧木切面正中间向下切1.2～1.5厘米深，将接穗插入，并对齐一面形成层，用圆形嫁接夹固定好。将接好的幼苗立即移入小拱棚内，并浇适量水，防止淋着伤口，接后3天内要密闭小拱棚并遮阴。相对湿度保持在95%以上，白天温度控制在25～30℃，夜间控制在20～22℃，3天后降温排湿，白天温度控制在23～28℃，夜间控制在17～20℃，早、晚要逐渐见光，锻炼幼苗，8～10天后去掉小拱棚转入正常管理。

3. 栽植

嫁接苗在栽植时一定要注意嫁接伤口高于垄面3～5厘米，以防接穗产生不定根。

四、秸秆生物反应堆技术

秸秆生物反应堆技术又叫二氧化碳缓释富氧秸秆发酵技术，是在棚室生产的低温季节，在土壤耕层下铺设作物秸秆（玉米、麦草等）或在棚室内堆积作物秸秆，并在秸秆中施用腐生生物菌，使秸秆或农家肥在通氧的条件下分解产生热量、二氧化碳及速效有机养分的生态技术。该技术有内置式和外置式两种方式。内置式又分为畦下内置式和畦间内置式，畦下内置式通常用于秋冬和早春栽培，畦间内置式通常用于夏季栽培。应用该项技术可升高地温，使冬季寒冷季节棚室内20厘米深地温提高2～3℃，使蔬菜提前上市10天以上；可增加棚室内二氧化碳含量，有效缓解蔬菜的“光合饥饿”现象，提高光合作用效率，单位平均产量可比对照提高30%以上；可有效改良土壤理化性状，克服连作障碍，减轻病害，同时秸秆腐解产生的养分可有效促进植株生长，提高瓜菜品质。

五、水肥一体化膜下滴灌栽培技术

水肥一体化膜下滴灌栽培技术，是将易溶的化肥加入储水池，通过滴灌管，在灌溉的同时将肥料运送到植株根际，使养分均匀供给根系的操作方法。这项技术可以明显降低棚室内湿度，减轻病害，减少肥料投资，节约用水60%以上，提高地温2℃以上，节本增效明显。

膜下滴灌技术是一种结合了滴灌技术和覆膜技术优点的新型节水节肥技术。

滴灌技术通过可控管道系统供水，将加压的水经过过滤后，和水溶性肥料充分融合，形成肥水溶液，经过输水干管-支管-毛管（铺设在地膜下方的灌溉带），再由毛管上的滴水器一滴一滴地均匀、定时、定量浸润作物根系发育区，供根系吸收。一般在作物定植时铺设滴灌带，根据行距的宽窄，每行铺设 1～2 条毛管，并覆地膜。地膜覆盖具有保墒、提墒、灭草、增温的作用。

在植株生长的不同阶段，需水量、需肥量是不相同的，不同时期的滴灌要求也是不一样的，生产中应根据不同作物、不同生长阶段，进行适时适量的滴灌，以满足植株生长发育之需，促进产量提高。一般在缓苗期需水量大，要浇透水；开花坐果期为了控制植株长势，防止出现徒长现象，要控制滴灌次数和滴灌量；到大量结果期后，需肥需水量增加，要增加滴灌的次数和滴灌量，像早春茬栽培西红柿，全生育期需滴灌 14 次左右，每亩需滴灌 174 立方米的水。

在进行滴灌肥水一体化作业时，要先测试滴灌系统的工作性能，在完成测试后，先用清水滴灌 10～20 分钟，再开始加肥料液，施完肥后再滴清水 15 分钟，以冲洗滴灌管道和促进土壤表层肥料到达根系。每次滴灌结束后及时清洗过滤器，在滴灌季节，要定时将每条滴灌管道打开，相应地加大管道内的压力，将管道内的污物冲出。在应用滴灌设施时，要经常检查滴灌管的滴头，及时更换堵塞及损坏的滴灌头，保持滴灌系统畅通。

六、棚室瓜菜病虫害绿色防控技术

由于棚室栽培瓜菜时处于相对封闭状态，其高温、高湿的环境为瓜菜病虫害的发生提供了适宜的条件，使得各类病虫害增多，病虫危害程度显著加重。近年来，瓜菜的食用安全性越来越受到消费者的关注，病虫害绿色防治技术已成为提高棚室瓜菜品质的关键技术，生产中病虫防治以“预防为主，综合防治”为原则，尽可能控制危害，减轻污染，为消费者提供安全、绿色、营养、健康的瓜菜。

1. 农业措施

选择种植抗病、高产、优质品种；实行轮作倒茬，避免同科、同种、同类连作，实行非同科作物间轮作；适当稀植，保持田间有良好的通风透光性，在瓜菜生长过程中，加强植株管理，及时整枝打杈，摘除老叶、病叶；重视有机肥和菌肥的使用，注意氮、磷、钾肥的合理搭配，避免过量施用氮肥，及时补充微量元素肥料，增强瓜菜的抗病能力；清洁田园，及时清除上茬作物的残体枝叶，以减少病源，降低病虫危害基数，为控制病虫害打好基础。

2. 物理措施

（1）晒种、温汤浸种、盐水浸种　播种前晒种2～3天，可促进种子后熟，提高发芽率及增强发芽势，还能杀死种子表面病菌。瓜类、茄果类种子用55℃温水浸种10～15分钟，可消毒杀菌。用10%盐水浸种可将豆类种子中混入的菌核、病残体漂除和杀灭，还可杀死线虫。

（2）用太阳能进行高温消毒灭菌　最常用的是高温闷棚，夏秋季节大棚闲置期，晴天高温闷棚5～7天，棚内气温高达60～70℃或以上，可有效杀灭棚内及土壤表层病菌和害虫。

（3）叶面喷洒无毒保护剂和保健剂　如用新型植物健生素，可强化植物的生理调节机能，预防染病。

（4）挡避和诱杀害虫　通过应用防虫网，如在通风口处安装防虫网等，可控制小菜蛾、菜青虫、甜菜夜蛾、斜纹夜蛾等害虫危害。利用昆虫趋色、趋光的特性，在棚室中悬挂黄色粘虫板，可诱杀粉虱、蚜虫、斑潜蝇等害虫，降低害虫基数，减少使用农药量，控制农药污染；在棚室内安装杀虫灯，可诱杀斜纹夜蛾、金龟子、地老虎等，控制危害。

（5）高温堆肥杀灭病菌和害虫　农家有机肥多带有致病菌和害虫，施用前1～2个月将其泼水拌湿，堆积盖严，使其充分发酵腐熟，发酵期堆内温度高达70℃，可有效杀死病菌和害虫，且可避免产生有害气体及发生烧根等现象。

（6）栽培嫁接苗　以黑籽南瓜为砧木嫁接黄瓜、西葫芦等，能有效防止瓜类枯萎病的发生，并能增强植株抗其他病害的能力。

3. 生物措施

在棚室内引进、释放天敌昆虫，使其定居繁殖，从而达到抑制害虫的目的；利用性信息素诱杀雄性害虫，切断繁殖链，降低害虫数量；选用0.4%蛇床子素、5%云菊、苏云金杆菌、0.3%印楝素、5%阿维菌素、苦参碱、农抗120等生物农药进行防治，可有效控制白粉虱、斑潜蛾、蚜虫及炭疽病、疫病。

4. 化学措施

（1）棚室消毒　扣棚以后，高温闷棚消毒，并配合药剂消毒，可有效杀死多种病菌。使用棚室前15天左右，对棚室内地面喷施10%多百粉尘剂，每亩1千克。或熏烟后继续封闭棚室，利用阳光使棚内形成高温。高温闷棚7～10天后，可用50%多菌灵可湿性粉剂800倍液对棚室骨架、地面普遍喷洒一遍。

（2）苗床消毒　每平方米苗床用50%多菌灵8～10克与适量细土拌匀，取

2/3 撒施于床面作垫土，另 1/3 播种后混入覆盖土中。或用 50%多菌灵可湿性粉剂，以 1∶100 比例与细土混匀，播种前将药土撒入苗床内。或在育苗时，结合混拌育苗土，每立方米土内混入 50%多菌灵粉剂 200 克杀菌消毒，可防治黑斑病、霜霉病、立枯病、白粉病等多种病害。

（3）药剂防治　根据病虫发生情况，适时适量应用相应的农药控制危害，仍是最直接有效的防治措施，棚室蔬菜生产中应用药剂防治时，一定要注意做到：

① 严禁施用高毒高残留农药　如呋喃丹、甲基异柳磷、杀虫脒、氧化乐果、三氯杀螨醇、六六六、DDT 和其他有机汞制剂等。凡依据国家制定的农药毒性分级标准，致死中量在 50 毫克/千克以下的农药，均属高毒农药，都严禁施用。

② 选用高效、低毒、低残留农药　按照国家规定，致死中量在 50 毫克/千克以上的为中低毒农药，如辛硫磷、马拉硫磷、敌百虫、百树德、多菌灵、百菌清、托布津、代森锌、乙磷铝、粉锈宁、除草醚、三唑醇都为中低毒农药。对中低毒农药，常根据不同蔬菜作物的不同类型的病害，或对症选药或搭配施药或交替使用。

③ 科学使用农药　本着“预防为主、治早、治少”的原则，对症对虫选用农药。在播种前进行种子消毒和土壤处理，可减轻病虫害的发生程度，常用农药如多菌灵、福尔马林、普力克、拌种双、代森锰锌、辛硫磷等。在病害初发期，要及早用药、对症用药，首先控制发病中心，然后全面施药防治，这样既能减少用药次数、用药量，又可提高防治效果。

当两种或两种以上不同种类的病害混合发生时，则需选用对症的农药配制混合药剂来防治。如霜霉病、白粉病混合发生时，宜选用乙磷铝（或普力克）与三唑酮的混合剂。为避免病菌和害虫对农药产生抗性与降低农药残留量，要交替用药，并遵守规定的用药量及施药间隔时间，提高防治效果。

温室蔬菜发病重的一个重要原因是湿度偏大，如多次喷洒药液，会增加棚内湿度。为避免增加棚内湿度，防治病害时要以烟雾剂和粉尘剂为主，如施用百菌清烟剂、腐霉利烟剂防治大棚瓜类霜霉病、灰霉病等。

用无残毒化学药剂和有机助剂防治病虫害，如用 0.2%小苏打防治黄瓜白粉病、炭疽病；高锰酸钾 1500～2000 倍液防治黄瓜枯萎病、灰霉病；疫霜灵 300 倍液加蔗糖与尿素各 200 倍液防治黄瓜、西葫芦霜霉病。

在采收前的安全间隔期停止用药，减少农药残留。

5. 利用生态措施防治蔬菜病虫害

棚室栽培蔬菜过程中，通过调节室内光照、湿度、温度、空气，创造有利于蔬菜生长发育而不利于病虫害发生发展的生态环境条件，就可减少、减轻病虫害发生，减少施用农药。如瓜类霜霉病、灰霉病、白粉病病菌在高于32℃和相对湿度低于80%的条件下不产生孢子，病害不发生或发生缓慢。调节温室光、湿、温、气的方法有：上午适当早揭草苫，延长光合作用时间，并适当通风；经常擦拭棚膜，保持良好透光性；张挂反光膜，增加光照等。

七、反光膜隔热增光技术

在日光温室栽培畦北侧或靠后墙部位张挂反光膜，可有效改善后排温度和光照条件，提高后排植株坐果率，达到增产效果。一般悬挂反光膜后，反光幕前0～3米地表增光率为44.5%～9.1%，空中增光率为40%～9.2%；反光幕2米内气温提高3.5℃，地温提高1.9～2.9℃。光照增强，气温、地温提高，可促进植株旺盛生长，提高植株的抗病力。

一般在11月末开始在温室北墙上，面朝南，东西走向垂直悬挂反光幕。也可按温室内的长度，用透明胶带将50厘米幅宽的3幅聚酯镀铝膜黏结为一体。在温室中柱上由东向西拉铁丝固定，将幕布挂在铁丝横线上，自然下垂，再将幕布下方折回3～9厘米，固定在抻绳上，在绳的东、西两端各绑竹棍一根，并固定在地表。还可把50厘米幅宽的聚酯镀铝膜按中柱高度剪裁，一幅一幅地紧密排列并固定在铁丝横线上。150厘米幅宽的聚酯镀铝膜可直接张挂。

反光幕使用的有效时间为11月至来年4月。悬挂反光幕时注意不要离墙太近，否则会因潮湿造成铝膜脱落。反光膜可多次重复使用，每年用后，最好经晾晒后放在通风干燥处保管，以备再用。

八、日光温室基质栽培技术

蔬菜基质栽培具有省工省力、省水省肥、优质高效、环保少污染等特点，一般采用滴灌法供给营养。通常包括上下分层式基质栽培、漏斗式基质栽培、立柱式管道栽培、棚架式管道栽培等多种栽培模式。常用的基质有蛭石、珍珠岩、岩棉、草炭等。像用4份草炭和1份珍珠岩混合配制栽培基质，将配制好的基质装入温室地面上用砖做成的，南北方向延长，宽45厘米、高30厘米的栽培槽中，不同作物栽培槽间距是不一样的，像西红柿、黄瓜等蔓性瓜菜，栽培槽间距通常在80厘米左右。在装入基质之前，要先在槽内铺防水地膜，防水地膜应将整个槽包严，两边的地膜在槽框上层用砖压实固定，铺好防水地膜后，向槽框内填入基质。

在温室内做一个15立方米容量的水池或安装一个水桶。水桶或水池的口部尽量小一点，蓄水池入水口设置在1平方米内，注入水后立即封盖，以减少蒸发，降低室内湿度。在池子或水桶内安装水泵，进行滴灌。在已经准备好的蓄水池中安装功率1200瓦的水泵，接好主水管，主水管与温室等长，东西向铺设。在每个栽培槽内铺长度与温室宽度一样的2条滴灌管，铺设完后上面盖一层薄膜，将滴灌管接到主水管上。

在定植后5～7天浇1次缓苗水，生长期少浇水，浇水量应逐渐增加，坐果期适当增加浇水次数和浇水量。显蕾以后结合浇水追肥，根据秧苗长势和果实膨大情况结合浇水施用三元复合肥或有机水溶肥。

其他管理同普通土壤栽培管理。

九、水培法

水培是一种新型植物无土栽培方式，又名营养液培。其核心是将植物根颈固定于定植孔内，并使根系自然长入植物营养液中，这种营养液代替土壤向植物体提供水分、养分等生长因子，使植物正常生长并完成整个生命周期。水培模式包括深液流栽培、浅液流栽培、雾培等。

水培蔬菜以叶菜类为主，可以避免连作障碍，提高复种指数，经济效益好。适宜水培的叶菜品种较多，较常见的品种有生菜、菠菜、水芹、芥蓝、菜心、油菜、小白菜、紫背天葵等。

果菜类蔬菜由于其生长周期相对较长，从定植到采收整个生长周期内要进行2～3次的营养液更新，栽培管理难度较大，因此在生产中应用较少。目前我国在果菜类蔬菜中主要以西红柿和辣椒应用水培法较多。

十、日光温室多茬栽培技术

不同种类的蔬菜对温度的要求不同，喜温性和耐热性的蔬菜适温最低值为22～23℃，耐寒性、半耐寒性蔬菜适温的最低值为16～19℃。同一蔬菜品种在不同的生育期内对温度的要求不一样，苗期可塑性大，开花结果及产品形成期温度要求严格。日光温室早春晚秋气温低，春末秋初气温高。因此，可在2月初种植耐寒、生育期短的绿叶菜；喜温的果菜类在4月中下旬定植，8月中下旬采收；芹菜等耐寒蔬菜先育苗，8月下旬定植，晚秋收获，这样排开播种，一年四季日光温室都可进行生产。

第八章

农药药害的识别与预防

一、药害的概念及分类

农药使用不当对作物产生的不良反应即为药害。可根据出现不良反应的快慢分为急性药害、慢性药害和残留药害。

（1）急性药害　一般在喷药后2～5天出现，严重的数小时后即表现出症状。如：种子发芽能力下降，发根少，子叶叶片有灼伤、变黄，严重时产生叶斑、凋萎、畸形，有时幼嫩组织发生褐色焦斑、徒长乃至枯萎死亡，这种药害多为施用农药不当或受邻近田块喷施农药影响所致。从受害株看，药害明显发生在嫩叶、花、果等生长较快的部位，一般上部叶片重于下部叶片，嫩叶重于老叶。

（2）慢性药害　植株受害后不立即显示药害现象，主要是影响植株的生理活动。如：光合作用减弱，生长缓慢，着花减少，结果小，成熟推迟，籽粒不饱满，甚至风味、色泽恶化，商品性差，品质下降等。这类药害多半是用药过量或药剂浓度过高造成的，尤其施用有机磷农药或对瓜果作物喷施生长调节剂催熟时应特别谨慎，切忌过量。

（3）残留药害　由残留在土壤中的农药或其分解产物引起（实际上属于慢性毒性）。有些农药在土壤中残留量高、残留时间长进而影响下茬作物生长。如甲磺隆用于麦田除草，使后茬玉米植株低矮，叶片变小变薄、呈紫色，不实率高等，这就是由残留药害造成的。

二、药害产生的原因

农药施用后引起农作物发生药害的原因是多方面的，也是比较复杂的。除错用、乱用农药外，还有下列因素可以引起药害：

① 药害的产生与药剂性质有关。任何一种农药对农作物都有一定的生理作用，不同农药品种对农作物的药害反应也不同。无机农药和水溶性、渗透性大的农药易引起作物药害。硫黄粉、石硫合剂、硫酸铜等在作物上溶解的药量很容易超过农作物能忍受的剂量，同时农作物对无机农药的最高忍受剂量又很接近于它们最低有效防治剂量，因此稍不注意就会发生药害，而抗生素类农药和拟除虫菊酯等则不容易引起药害。

② 药害的产生与不同作物种类、品种、生育期的抗药力有关。十字花科、茄科、禾本科等作物的抗药力较强；而豆科作物的抗药力则较弱；瓜类叶片多皱纹，叶面气孔较大，角质层薄，易聚集农药，抗药力最弱；白菜对含铜杀菌剂较敏感；幼嫩植物和植物的幼嫩部分以及植物开花期的抗药力弱，易产生药害，在施药时应特别慎重。

③ 药害的产生与所使用农药的质量或贮存时间、混杂程度有关。使用质量不好的农药或贮存条件差、贮存时间过长的农药会使药剂变质减效，这些与能否发生药害都有直接关系。此外，在加工和销售中管理不严、剂量不准，误将不同药剂混杂，也会造成大面积药害发生。

④ 药害的发生与施用时的温度、湿度、土壤等环境条件有关。高温、强光、高湿等环境条件的影响会使某些农药对某些作物产生药害。

⑤ 药害的发生与选用农药不当、药量控制不严、混用不当，甚至乱用、错用有关。例如用内吸磷涂茎浓度超过5%、喷洒浓度超过0.2%容易发生药害。

尽管农药对农作物的药害多种多样也比较复杂，但只要遵循科学、合理、安全用药的原则，认真谨慎操作，采取适当措施，药害完全可以避免。

三、药害的预防

农药对农作物产生药害的原因很多，除了某些农作物对某种农药比较敏感和某些专用农药使用不当外，主要是在使用农药时，没有严格按规定的使用方法和使用技术操作或者用药时由于天气条件影响而发生药害，因此防止药害发生的关键在于科学、正确地掌握农药使用方法。

(1) 全面了解不同农作物对药剂的敏感性　像十字花科蔬菜对辛硫磷敏感；

莠去津对豆类作物很容易产生药害，使用时要特别慎重。

（2）正确掌握使用浓度和施药量 巨星（磺酰脲类除草剂）、多效唑（内源赤霉素合成抑制剂）等一些超高效农药和植物生长调节剂，单位面积用量很少，取量稍有不慎即可发生药害。对这类药剂应先用少量水配制成母液，再按要求加水稀释到所需浓度，这样可使药液均匀一致，不致发生药害。

（3）根据药剂特性，正确掌握施药时间和气候条件，提高药效和防止药害 施药时间一般以上午7～11时、下午3～7时为宜。中午气温高、日光强烈，多数作物这时耐药力减弱而容易产生药害。

（4）严防农药乱用乱混 农药对症施用和正确混用，不仅可以提高防治效果，而且可以病、虫、草害兼治，节省用药成本。但是乱用和盲目混用不仅达不到目的，反而会使药效降低甚至造成药害。如：溴氰菊酯不能防治叶螨；盖草能不可用于防治麦田杂草。杀草剂混用禁忌：2,4-D丁酯和杀草丹不能混用；禾草克和苯达松不能混用；拿捕净不能和苯达松、杂草焚混用；稳杀得和苯达松不能混用；敌草隆和甲拌磷不能混用等。

四、药害后的挽救

（1）排毒洗毒 用药量过大或药害已发生，要尽早采取措施。对茎叶喷洒造成的药害，可用水喷洒淋洗受害作物上的残留药物，减少黏附在枝叶上的毒害物质；对土壤施药产生药害时，要立即浇水稀释冲洗，以减少药剂在土壤中的含量，减轻药害；缺苗的地方及时补种或补苗，再施速效性肥料，以减轻药害影响。

（2）加强田间管理 对药害较轻的田块只要及时加强肥水管理，受害作物便可很快减轻药害症状，恢复正常生长。

（3）应用植物生长调节剂和叶面肥 植物生长调节剂可帮助受害植物减轻药害、恢复生长。但用药过量会造成严重枯黄灼伤，植株受害后可多次用喷施宝喷洒并追施化肥，可很快恢复正常。对喷洒巨星造成的药害，可用爱多收与绿分威或磷酸二氢钾混配，多次喷洒，同时加强肥水管理，可很快缓解药害症状，恢复正常生长。

附录

棚室蔬菜管理月历

一月：秋冬茬黄瓜、西瓜、甜瓜、西红柿开始采收；温室韭菜收割头刀韭菜；冬春茬黄瓜、西葫芦，大棚西红柿、西葫芦、西瓜、甜瓜、辣椒、茄子育苗。

二月：采收秋冬茬黄瓜、西瓜、甜瓜、西葫芦、西红柿、辣椒、茄子；温室韭菜收割二刀韭菜；冬春茬黄瓜开始定植；大棚西瓜、甜瓜、西葫芦定植。

三月：采收秋冬茬黄瓜、西红柿、辣椒、茄子；温室韭菜收割三刀韭菜；秋冬茬西瓜、甜瓜、西葫芦拉秧；冬春茬黄瓜、西瓜、甜瓜、西葫芦开始采收；大棚黄瓜、西红柿、西葫芦、西瓜、甜瓜、辣椒、茄子定植。

四月：秋冬茬黄瓜、西红柿拉秧；采收冬春茬黄瓜、西红柿、西葫芦、西瓜、甜瓜、辣椒、茄子；大棚韭菜收割头刀韭菜；大棚黄瓜、西葫芦开始采收。

五月：采收秋冬茬辣椒、茄子，冬春茬黄瓜、西红柿、辣椒、茄子；冬春茬西葫芦、西瓜、甜瓜拉秧；开始采收大棚西葫芦、西瓜、甜瓜；大棚韭菜收割二刀韭菜。

六月：秋冬茬辣椒、茄子拉秧，冬春茬黄瓜拉秧；采收冬春茬西红柿、辣椒、茄子及大棚黄瓜、西葫芦、西红柿、辣椒、茄子；大棚韭菜收割三刀韭菜。

七月：冬春茬西红柿、辣椒、茄子拉秧，大棚西葫芦拉秧；采收大棚黄瓜、西红柿、辣椒、茄子；秋冬茬西红柿、芹菜开始育苗。

八月：秋冬茬黄瓜、西葫芦育苗，芹菜间苗；大棚黄瓜、西红柿、辣椒、茄子拉秧。

九月：定植秋冬茬黄瓜、西红柿、西葫芦，秋冬茬西瓜、甜瓜、辣椒、茄子育苗；秋冬茬芹菜定植。

十月：开始采收秋冬茬黄瓜、西葫芦；定植秋冬茬西瓜、甜瓜；秋冬茬芹菜施追肥；冬春茬黄瓜育苗。

十一月：采收秋冬茬黄瓜、西葫芦；定植秋冬茬辣椒、茄子，温室扣棚上膜；定植冬春茬黄瓜、西葫芦；冬春茬西瓜、甜瓜、辣椒、茄子、西红柿育苗。

十二月：采收秋冬茬黄瓜、西葫芦；冬春茬黄瓜、西葫芦开始采收；定植冬春茬西瓜、甜瓜、西红柿；开始采收秋冬茬芹菜。

参考文献

[1] 傅连江，樊鸿修．高效节能日光温室蔬菜栽培［M］. 兰州：甘肃科学技术出版社，1997.

[2] 蒋名川，解淑贞．蔬菜施肥［M］. 北京：农业出版社，1985.

[3] 陈杏禹．高品质蔬菜反季节生产技术［M］. 北京：化学工业出版社，2010.